基于工作过程的理实一体化训练教材

焊接技术训练

主　编　马延江　綦召声

副主编　李顺舸　李　光　张洪磊

　　　　何正亮　侯致新

中国海洋大学出版社

·青岛·

图书在版编目（CIP）数据

焊接技术训练/马延江,綦召声主编.—青岛：
中国海洋大学出版社,2017.12
ISBN 978-7-5670-1661-3

Ⅰ.①焊… Ⅱ.①马…②綦… Ⅲ.①焊接－职业技
能－鉴定－习题集 Ⅳ.①TG4—44

中国版本图书馆 CIP 数据核字（2017）第 327113 号

出版发行	中国海洋大学出版社
社　　址	青岛市香港东路 23 号　邮政编码　266071
出 版 人	杨立敏
网　　址	http://www.ouc-press.com
电子信箱	1079285664@qq.com
责任编辑	孟显丽　　　　　　　　电　　话　0532－85901092
印　　制	日照报业印刷有限公司
版　　次	2017 年 12 月第 1 版
印　　次	2017 年 12 月第 1 次印刷
成品尺寸	185 mm × 260 mm
印　　张	15
字　　数	358 千
印　　数	1～1 100 册
定　　价	28.00 元

发现印装质量问题,请致电 0633－8221365,由印刷厂负责调换。

本教材为"理实一体化"教材,分上、下两篇:上篇为理论知识篇,下篇为技能训练篇。

上篇根据教学大纲要求,结合中、高级电焊工技能鉴定标准,将理论知识分为职业道德、识图知识、金属学及热处理、常用金属材料知识、常用金属材料焊接知识、电工基本知识、常用焊接材料、安全卫生和环境保护知识共八部分内容,每部分内容后面都有焊工职业技能鉴定试题精选,供学习者练习及考证时参考。

下篇是基于工作过程的项目训练,精选四个项目:项目一驾驶室台面焊接加工、项目二方箱的焊接、项目三空调格栅的焊接加工、项目四储气罐的焊接。各项目以企业的生产过程为主导,通过生产项目强化学习内容。教材从企业选取典型工作任务,并将典型工作任务转化为典型学习任务,以典型学习任务为载体,将学生需要掌握的知识、技能融入典型学习任务中,从岗位需求出发,让学生尽早进入工作实践,体验完整工作过程,学生在掌握技能、掌握知识的同时提高自主学习、独立完成任务、团结协作的社会能力,逐步实现学生与企业的零距离对接。

本教材主要特点:一是学习目标注重全面发展。着眼于持久的职业生涯发展和职业成熟,确定包括相关知识和技能、工作方式方法和职业经验分享的学习目标,完成职业的典型工作任务,引导学生成为具有综合职业能力的技术技能型人才。二是教学内容注重专业能力与职业认同感相结合。课程内容追求的是工作过程的系统化,知识体系的突出特点是行动导向,教学内容来自于企业生产的工作任务,对这些工作任务进行归纳整理形成典型工作任务,通过典型工作任务的训练过程,帮助学生获得工作世界中所需的智能,并将技能、天赋与职业生涯发展联系起来,同时促进职业认同感、职业和企业忠诚度以及工作的道德发展。三是教学情境注重以学习任务(问题)来引领。按照情境认知学习理论,创设与真实工作情境尽量一致的学习情境,学生经历结构完整的工作过程,在与学习情境要素的交互中,主动建构学习的意义和企业中的社会身份。四是学习方式注重理论实践一体化。课程中的项目、任务等内容来源于企业,让学生体验到企业一线的真实情景。在真实的工作情景中对工作的任务、过程和环境进行整体化感悟与反思,通过特定的教学载体,实现理论与实践学习的统一,行动、认知与情感的统一,人格发展与职业发展的统一。

本教材由平度市职业中等专业学校马延江、綦召声担任主编,平度市职业中等专业学校李顺舸、青岛德宏工贸有限公司李光、平度市职业中等专业学校张洪磊、青平锅炉厂何正亮、青岛喜迅机械加工有限公司侯致新任副主编。上篇第二、三、四、五章由李顺舸整理,第一、六、七章由张洪磊整理,第八章由綦召声整理;下篇项目一、三由李顺舸编写,项目二、四由綦召声编写,马延江负责全书审稿。何正亮、侯致新参与资料收集。

本教材编写过程中得到教育部职业技术教育研究所邓泽民教授、青岛碱业集团高级技师韩明甫老师的精心指点,得到青岛德宏工贸有限公司、青岛东风汽车改装厂、青平锅炉厂、青岛市锅炉压力容器检验所等企业和部门的大力支持,在此一并表示衷心感谢。

教学建议:教学过程以四个项目引领整个技能训练过程,每个项目以任务驱动整个教学过程,营造与项目相适应的训练情境;考核评价标准以企业标准为主;将理论知识融入平日训练项目,理论实践兼顾。

本教材共需277~333学时。其中,理论知识46学时,技能训练231学时,拓展训练56学时,拓展训练可根据具体情况适当调整。

本教材适用于中等职业学校焊接专业学生,也适用于具有初级电焊工知识和技能的学习者考取中、高职业资格证书训练之用。

Contents

目 录

上篇　理论知识

第一章　职业道德

焊工职业技能鉴定要求

（1）职业道德基本知识。
（2）职业守则。

一、职业道德的意义

（一）职业道德的基本概念

职业道德是社会道德要求在全社会各行各业的职业行为和职业关系中的具体体现。

焊工的职业道德是：从事焊工职业的人员，在完成焊接工作及相关的各项工作过程中，从思想到工作行为所必须遵守的道德规范和行为准则。

（二）职业道德的意义

（1）有利于推动社会主义物质文明和精神文明建设。
（2）有利于企业的自身建设和发展。
（3）有利于个人的提高和发展。

二、职业道德守则

（1）发奋图强、振兴中华的爱国情怀。
（2）百折不挠、锐意进取的爱岗敬业精神。
（3）言行一致、明利守信的诚信态度。
信誉是企业在市场经济中赖以生存的重要依据。
（4）诚实劳动、忠厚老实的守法品格。
爱岗敬业、忠于职守，就是把自己职业范围内的工作做好，合乎质量标准和规范要求。
（5）用户至上、服务社会的质量意识。

三、焊工职业守则

（1）遵守国家政策、法律和法规；遵守企业的有关规章制度。
（2）爱岗敬业，忠于职守，认真、自觉地履行各项职责。
（3）工作认真负责，吃苦耐劳，严于律己。
（4）刻苦钻研业务，认真学习专业知识，重视岗位技能训练，努力提高劳动者素质。
（5）谦虚谨慎，团结合作，主动配合工作。
（6）严格执行焊接工艺文件和岗位规章，重视安全生产，保证产品质量。
（7）坚持文明生产，创造一个清洁、文明、适宜的工作环境，塑造良好的企业形象。

四、焊工职业技能鉴定试题精选

（一）判断题

（1）职业道德是社会道德要求在职业行为和职业关系中的具体体现。（　　）

（2）焊工职业道德是指从事焊工职业的人员从思想到工作行为所必须遵守的职业道德规范和行为准则。（　　）

（3）自觉遵守职业道德有利于推动社会主义物质文明和精神文明建设。（　　）

（4）忠于职守就是要把自己职业范围内的工作做好，合乎质量标准和规范要求。（　　）

（5）信誉是企业在市场经济中赖以生存的重要依据。（　　）

（二）选择题

（1）职业道德的基本规范是（　　）。

  A. 爱岗敬业、忠于职守   B. 诚实守信、办事公道

  C. 服务群众、奉献社会   D. 遵纪守法、廉洁奉公

（2）焊工的职业守则包含（　　）等内容。

  A. 遵守国家法律、法规   B. 爱岗敬业、忠于职守

  C. 工作认真负责   D. 谦虚谨慎、团结合作

  E. 坚持文明生产

（3）焊工的职业守则应包含（　　）等形式。

  A. 遵守企业的有关规章制度   B. 爱岗敬业、忠于职守

  C. 认真学习专业知识   D. 团结合作主动配合工作

  E. 严格执行焊工工艺文件

第二章　识图知识

焊工职业技能鉴定要求

（1）简单装配图的识读知识。（参阅《机械制图》）

（2）焊接装配图的识读知识。

（3）焊缝符号和焊接方法代号表示方法。

一、焊接装配图识读知识

（一）焊缝的规定画法

（1）当焊接制件上焊缝简单时，在图样上一般不需要特别表示焊缝，只需要用焊缝代号标注。

（2）当焊缝复杂时，除标注焊缝代号外，还应在焊缝处用双倍粗实线表示可见焊缝，用栅线表示不可见焊缝，栅线应与焊缝垂直。

（3）在剖视图中，焊缝的剖面可涂黑或不画出。

（4）重要设备必须保证焊缝尺寸时，可在图样上用局部放大图画出焊缝的结构细节，并详细标出尺寸。

（二）焊接装配结构及其特点

焊接装配体由构件或组、部件通过焊接的方式装配而成。组成装配体的构件数量较多，形状不规则，因而装配结构外形尺寸大、工艺较复杂、焊接工作量大。一般是永久性连接，不可拆卸。与机械加工的机件相比，要求的加工精度较低一些。

焊接装配图中的组、部件装配图是连接产品装配图与结构图的桥梁。无论焊接装配图如何复杂，都可以分解成若干基本的组、部件装配图，再由组、部件装配图分解为若干张结构图。这样做，在分析产品装配图时、脉络清晰、问题简化。

（三）识读焊接装配图的目的和要求

在工业生产中，从机器的设计、制造、装配、检验、使用到维修及技术交流中，经常需要识读焊接装配图。识读焊接装配图要了解装配图的名称、用途、结构及总体形状大小；了解各零件的名称、数量、形状、作用及连接关系；了解装配体的活动部分的动作过程、整个机构的工作情况。

（四）识读焊接装配图的方法和步骤

识读焊接装配图时，应与阅读工艺卡或工艺规程相结合。在了解焊接工艺过程的基础上，会使识读焊接装配图更加容易。

1. 概括了解

从标题栏了解焊接图的名称、大致用途、比例等。

2. 分析视图

了解各个视图的表达重点和表示方法,明确视图间的投影关系,弄清单件之间的配合、定位、连接方式。

3. 分析零件

从明细栏了解单件的名称、数量及材料,并在视图中找出所表示的相应单件及其位置,分析出各单件的结构和形状。

4. 分析尺寸

分析装配图上尺寸标注的方法和标记的意义,弄清各尺寸的定位基准和尺寸链关系。

5. 识读焊缝符号

在看懂焊接图的条件下,读懂焊缝符号,掌握每道焊缝的焊接要求。

6. 分析技术要求

通过分析技术要求,对制造装配工艺要求、装配后的检验数据、验收标准等得到全面的了解。

二、焊缝符号和焊接方法代号

(一)焊缝标注方法

图样上焊缝有两种表示方法,即符号法和图示法,分别如图 1-2-1 和图 1-2-2 所示。

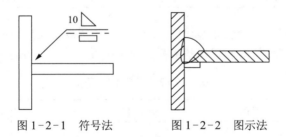

图 1-2-1 符号法   图 1-2-2 图示法

焊缝标注以符号标注法为主。在必要时允许辅以图示法,比如用连续或断续的粗线表示连续或断续焊缝;在需要时绘制焊缝局部剖视图或放大图表示焊缝剖面形状;用细实线绘制焊前坡口形状,等等。

符号标注法:通过焊缝符号和指引线表明焊缝形式的标注方法。

(二)符号标注法的要素

焊缝符号标注中有许多要素,其中焊缝基本符号和指引线构成了焊缝的基本要素,属于必须标注的内容,如图 1-2-3 所示。

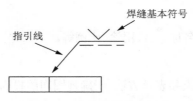

图 1-2-3　焊缝符号基本要素

除焊缝基本要素外,在必要时还应加注其他辅助要素,如辅助符号、补充符号、焊缝尺寸符号及焊接工艺等内容。

(三)焊缝符号及其标注

(1)焊缝基本符号是表示焊缝横断面形状的符号,常见的基本符号如表 1-2-1 所示(详见 GB/T324-2008)。

表 1-2-1　焊缝基本符号

序　号	名　称	示意图	符　号	序　号	名　称	示意图	符　号
1	角焊缝		△	5	带钝边单边 V 形焊缝		⊬
2	V 形焊缝		∨	6	带钝边 U 形焊缝		⋃
3	单边 V 形焊缝		⌐	7	I 形焊缝		‖
4	带钝边的 V 形焊缝		Y	8	卷边焊缝		⋀

(2)辅助符号是表示焊缝表面形状特征的符号。不需要确切地说明焊缝的表面形状时可以不加注辅助符号。辅助符号配置在基本符号固定位置。辅助符号有 3 个,见表 1-2-2。

表 1-2-2　焊缝辅助符号

序　号	名　称	示意图	符　号	标注位置	说　明
1	平面符号		——	▽	焊缝表面齐平(一般通过打磨或加工)
2	凹面符号		⌣	⌐	焊缝表面凹陷
3	凸面符号		⌢	✕	焊缝表面凸起

(3)补充符号是为了补充说明焊缝的某些特征而采用的符号,一共有 5 个,见表 1-2-3。

表 1-2-3 焊缝补充符号

序 号	名 称	示意图	符 号	标注举例	说 明
1	带垫板符号				焊缝背面带有垫板
2	三面焊缝符号				四周留下一面不焊接
3	周围焊缝符号				四周全部焊接
4	现场符号				表示在现场或工地上进行焊接
5	尾部符号			13	标注焊接工艺方法或者焊缝数量

（4）特殊符号是为了满足某些特殊情况而规定的焊缝符号，共有 4 个，见表 1-2-4。

表 1-2-4 焊缝特殊符号

序 号	名 称	符 号	标注举例	焊后示意图
1	喇叭形焊缝			
2	单边喇叭形焊缝			
3	堆焊缝			
4	锁边焊缝			

（四）指引线及其标注

指引线由箭头线和基准线组成，如图1-2-4所示。

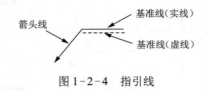

图1-2-4 指引线

1. 箭头线

箭头可指向接头侧和非接头侧；箭头线相对焊缝的位置一般没有特殊要求；允许箭头线弯折一次，如图1-2-5所示。

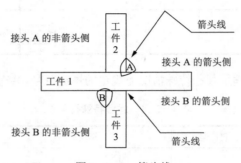

图1-2-5 箭头线

2. 基准线

（1）基准线含有实线基准线和虚线基准线。虚线基准线可画在实线基准线的上方或下方。

（2）焊缝符号标注在实线基准线上说明焊缝在箭头侧，标注在虚线基准线上说明焊缝在非箭头侧，如图1-2-6所示。

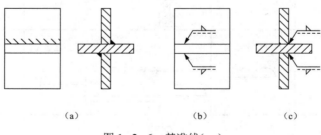

（a）　　　　　　　　（b）　　　　　　（c）

图1-2-6 基准线（一）

（3）标注双面或对称焊缝时可不加虚线，如图1-2-7所示。

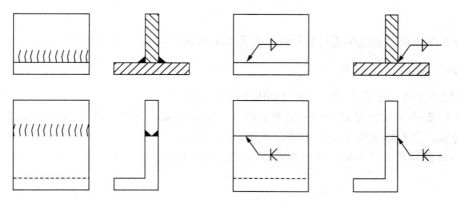

图 1-2-7　基准线(二)

（五）焊缝尺寸符号及其标注

（1）焊缝标注有必要时可附带有焊缝尺寸符号及数据。常用的焊缝尺寸符号见表 1-2-5（详见 GB/T324-2008）。

表 1-2-5　焊缝尺寸符号

符 号	名　　称	示范图	符　号	名　称	示范图
δ	工件厚度		c	焊缝宽度	
α	坡口角度		R	根部半径	
b	根部间隙		l	焊缝长度	
p	钝边		n	焊缝段数	$n=3$

（2）焊缝尺寸符号及数据的标注原则，如图 1-2-8 所示。

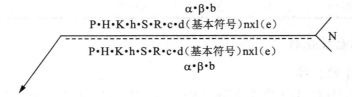

图 1-2-8　焊缝尺寸符号及数据

① 焊缝横截面上的尺寸标注在基本符号的左侧，长度方向的尺寸标在右侧。
② 坡口角度、坡口面角度、根部间隙等尺寸标在基本符号的上侧或下侧。
③ 相同焊缝数量的符号标在尾部。
④ 在基本符号的右侧无任何标注且又无其他说明时，意味着焊缝在工件的整个长度上

是连续的。

　　⑤ 在基本符号的左侧无任何标注且又无其他说明时,表示对接焊缝要完全焊透。

(六)焊接方法代号

　　焊接方法代号见表1-2-6(参照 GB/T5185-2005)。

　　图1-2-9表示的是对接接头的周围焊缝。焊条电弧焊(111)在非箭头侧打底,表面要求齐平;埋弧焊(12)焊成的 V 形焊缝在箭头侧,表面也要求齐平。

　　注:焊缝采用多种焊接方法或者对焊接方法有特殊要求时标注,一般不标注。

　　例:

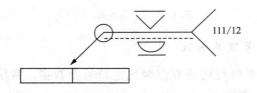

图1-2-9　焊接方法示例

表1-2-6　焊接方法代号

焊接方法名称	焊接方法代号	焊接方法名称	焊接方法代号
电弧焊	1	等离子弧焊	15
焊条电弧焊	111	电阻焊	2
埋弧焊	12	电阻点焊	21
单丝埋弧焊	121	气焊	3
熔化极气体保护焊	13	氧乙炔焊	311
熔化极惰性气体保护焊(MIG)	131	压焊	4
熔化极非惰性气体保护焊(MAG)	135	摩擦焊	42
非熔化极气体保护焊	14	钎焊	9
钨极惰性气体保护焊(TIG)	141	硬钎焊	91

(七)焊接标注说明

1.坡口尺寸的标注

　　对一般焊缝,只标注基本符号,不标注坡口尺寸,坡口尺寸由工艺决定;对有强度、气密性等要求的焊缝或受结构限定的特殊坡口,应标注坡口尺寸,必要时用图示法绘制坡口结构图,如图1-2-10所示。

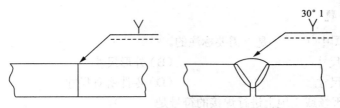

图 1-2-10 坡口尺寸的标注

2. 焊脚尺寸 K 大小

焊脚尺寸的大小一般为 3, 5, 8, 10, 12, 14, 20, 如图 1-2-11 所示。

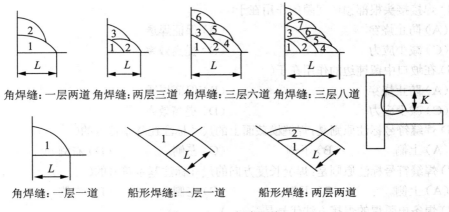

图 1-2-11 焊脚尺寸

3. 断续焊缝的标注

如图 1-2-12 所示: n 表示焊缝段数; l 表示焊缝长度(不计弧坑); e 表示焊缝间距。

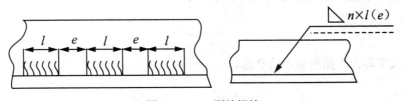

图 1-2-12 断续焊缝

三、焊工职业技能鉴定试题精选

(一)填空题

(1)在图样上用于标注_____、_____和_____的符号称为焊缝符号。

(2)焊缝符号一般由_____与_____组成,必要时还可以加上辅助符号、补充符号和焊缝尺寸符号。

(3)焊缝符号的指引线由_____和_____两部分组成。

(4)表示对接焊缝形状的几何尺寸有_____、_____、_____和_____。

（二）选择题

（1）在装配图中,( )是不需要标注的。

  （A）装配尺寸 　　　　　　　　　（B）外形尺寸

  （C）规格尺寸 　　　　　　　　　（D）零件所有尺寸

（2）表示在现场或工地上进行焊接的符号是( )。

  （A）▭ 　　　　（B）▸ 　　　　（C）○ 　　　　（D）∟

（3）最常用的接头形式是( )。

  （A）丁字接头 　　　　　　　　　（B）搭接接头

  （C）对接接头 　　　　　　　　　（D）十字接头

（4）焊接接头根部预留间隙的作用在于( )。

  （A）防止烧穿 　　　　　　　　　（B）保证焊透

  （C）减少应力 　　　　　　　　　（D）提高效率

（5）在坡口中留钝边的作用在于( )。

  （A）防止烧穿 　　　　　　　　　（B）保证焊透

  （C）减少应力 　　　　　　　　　（D）提高效率

（6）焊缝符号标注原则是:焊缝横截面上的尺寸标注在基本符号的( )。

  （A）上侧 　　　　（B）下侧 　　　　（C）左侧 　　　　（D）右侧

（7）焊缝符号标注原则是:焊缝长度方向的尺寸标注基本符号的( )。

  （A）上侧 　　　　（B）下侧 　　　　（C）左侧 　　　　（D）右侧

（8）焊条电弧焊的焊接方法代号是( )。

  （A）111 　　　　（B）131 　　　　（C）135 　　　　（D）141

（三）识图题

（1）请说明下图焊缝辅助符号所表示的含义。

（2）用文字写出下图所表示的意思。

12/15

（3）请说明下图焊缝辅助符号所表示的含义。

第三章 金属学及热处理

焊工职业技能鉴定要求

（1）金属晶体结构的一般知识。

（2）合金的组织结构及铁碳合金的基本组织。

（3）Fe-C 相图的构造及应用。

（4）钢的热处理基本知识。

一、金属的晶体结构

（一）晶体结构的基本知识

1. 晶体与非晶体

固体物质按原子聚集状态的不同分为晶体和非晶体。凡原子按一定几何形状作有规律排列的物质称为晶体，结构如图 1-3-1 所示，如钻石、石墨、金属等。凡原子呈无序堆积状态的物质称为非晶体，如松香、玻璃、石蜡等。晶体有固定的熔点，各向异性；非晶体没有固定的熔点，各向同性。

图 1-3-1 晶体结构示意图

2. 晶格与晶胞

为便于分析，可将原子看成一个点，将各原子中心用假想的线条连接起来，形成一个空间格架。这种描述原子在晶体中排列规律的空间格架叫作晶格。能够完整地反映晶格特征的最小几何单元称为晶胞，如图 1-3-2 所示。

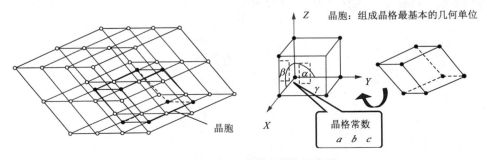

图 1-3-2 晶格与晶胞示意图

3. 晶面和晶向

在晶体中由一系列原子组成的平面称为晶面。通过两个或两个以上原子中心的直线,可代表晶格空间排列的一定方向,称为晶向,如图1-3-3所示。

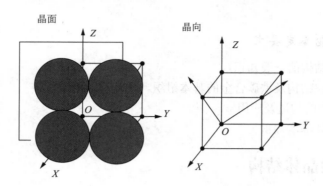

图1-3-3   晶面和晶向示意图

(二) 常见的金属晶格类型

金属的晶格类型不同,其原子的排列紧密程度不同。金属晶格类型的改变会引起金属体积和性能的变化。常见的金属晶格类型有以下三种。

1. 体心立方晶格

晶胞是一个立方体,在立方体的八个顶角和立方体的中心各有一个原子,铬、钨、钼、α-Fe属于这种晶格类型,如图1-3-4所示。

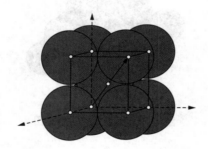

图1-3-4   体心立方晶格示意图

2. 面心立方晶格

晶胞是一个立方体,在立方体的八个顶角和立方体的六个面的中心各有一个原子,铝、铜、铅、γ-Fe属于这种晶格类型,如图1-3-5所示。

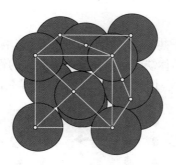

图 1-3-5　面心立方晶格示意图

3. 密排六方晶格

晶胞是一个六方柱体,六方柱体的各个角和上下底面中心各有一个原子,顶面和底面间还有三个原子,镁、锌、铍、α-Ti 属于这种晶格类型,如图 1-3-6 所示。

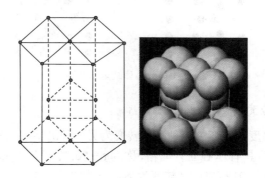

图 1-3-6　密排六方晶格示意图

（三）金属的实际晶体结构

1. 多晶体结构

晶体内部原子排列方向完全一致的晶体称为单晶体。金属的实际晶体结构由许多小晶体组成。这种由许多小晶体组成的晶体称为多晶体。晶格排列方向基本相同的小晶体称为晶粒。多晶体中相邻晶粒的界面称为晶界,如图 1-3-7 所示。多晶体表现为各向同性。

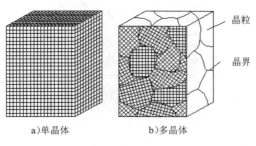

a)单晶体　　　　　b)多晶体

图 1-3-7　晶体结构示意图

2. 晶体缺陷

实际金属结构中,由于原子热运动、结晶和加工等的影响,使晶体中某些区域的原子规律排列受到破坏,这种区域称为晶体缺陷。晶体缺陷对金属的性能和内部结构的转变都有很大的影响。晶体缺陷产生晶格畸变,使金属强度、硬度有所提高,如图1-3-8所示。

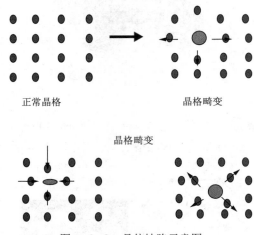

正常晶格　　　　　　　　　　晶格畸变

晶格畸变

图1-3-8　晶体缺陷示意图

（四）同素异构转变

金属在固态下,随温度的改变由一种晶格转变为另一种晶格的现象称为同素异构转变。

铁在1 538℃结晶后具有体心立方晶格,称为δ-Fe;冷却到1 394 ℃时,转变为面心立方晶格,称为γ-Fe;冷却到912℃时,又转变为体心立方晶格,称为α-Fe,如图1-3-9所示。加热时的变化则相反。铁的同素异构转变是钢铁能进行热处理的基础,也是应用广泛的重要原因。

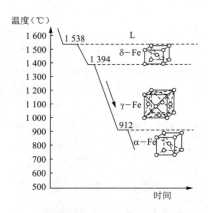

图1-3-9　同素异构转变示意图

二、合金的组织结构

纯金属的强度、硬度等力学性能较低,使用上受到一定的限制,因此,工业上广泛应用的金属材料大都是合金。

(一)合金的基本概念

1. 合金

合金是指两种以上的金属元素或金属与非金属元素组成的具有金属特性的物质。例如,钢和铸铁都是铁与碳等元素组成的合金。

2. 组元

组成合金最基本的、独立的物质称为组元。通常,组元就是组成合金的元素。例如,铁碳合金的组元就是铁和碳。

3. 相

相指金属组织中化学成分、晶体结构和物理性能相同的组分,其中包括固溶体、金属化合物、纯物质(如石墨)。

(二)合金的组织结构

合金在固态下的组织分为固溶体、金属化合物、机械混合物。

1. 固溶体

一种组元的原子溶入另一组元的晶格所形成的均匀固相称为固溶体,如锌溶入铜形成的固溶体。各组元中,与固溶体晶格类型相同的组元称为溶剂,其他组元称为溶质。固溶体又分为间隙固溶体和置换固溶体,如图1-3-10所示。

(1)置换固溶体:溶质原子占据部分溶剂晶格结点位置而形成的固溶体称为置换固溶体。

(2)间隙固溶体:溶质原子分布在溶剂晶格间隙处而形成的固溶体称为间隙固溶体,如碳溶入铁中形成的固溶体。

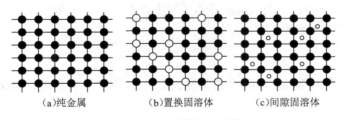

(a)纯金属　　　(b)置换固溶体　　　(c)间隙固溶体

图1-3-10　固溶体示意图

溶质原子溶入溶剂晶格中导致固溶体晶格畸变,使合金强度、硬度升高,这种现象称为"固溶强化",如图1-3-11所示。它是提高金属材料力学性能的重要途径之一。

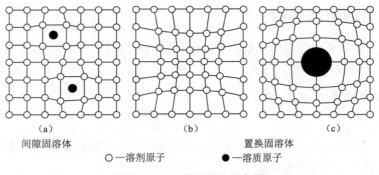

(a)　　　　　　　　　　(b)　　　　　　　　　　(c)
间隙固溶体　　　　　　　　　　　　　　置换固溶体
○—溶剂原子　　　　●—溶质原子
图 1-3-11　固溶强化示意图

2. 金属化合物

金属化合物是指合金组元间发生相互作用而生成一种完全不同于原组元晶格的具有金属特性的物质。它通常有一定的化学成分,可用化学式表示,如 Fe_3C。其性能一般是熔点高,硬而脆。

由于金属化合物一般硬而脆,故单相的金属化合物很少使用。当金属化合物细小均匀分布在固溶体基体上时,能显著提高合金的强度、硬度和耐磨性,这种现象称为弥散强化。

3. 机械混合物

纯金属、固溶体、金属化合物是组成合金的基本相。两种或两种以上的相按一定的质量分数组成的物质,称为机械混合物。机械混合物中各组成相仍保持各自的晶格与性能。

三、铁碳合金的基本组织

铁碳合金中碳的影响极大,它可溶解在铁中形成固溶体,也可与铁形成金属化合物或是两者的机械混合物。铁碳合金的基本组织如下:

(一)铁素体

碳溶解在 α-Fe 中形成的间隙固溶体称为铁素体,用符号 F 表示。铁素体具有良好的塑性和韧性,但强度和硬度较低。

(二)奥氏体

碳溶解在 γ-Fe 中形成的间隙固溶体称为奥氏体,用符号 A 表示。奥氏体的强度和硬度不高,但具有良好的塑性。

(三)渗碳体

渗碳体是含碳量(质量分数)为 6.69% 的铁与碳的金属化合物,其化学式为 Fe_3C。渗碳体具有复杂的斜方晶体结构。渗碳体硬度很高、塑性很差、伸长率和冲击韧度几乎为零,是一种硬而脆的组织。

（四）珠光体

珠光体是铁素体和渗碳体组成的机械混合物,用符号 P 表示。它是渗碳体和铁素体片层相间、交替排列形成的混合物。珠光体的强度较高、硬度适中,具有一定的塑性。

（五）莱氏体

莱氏体是奥氏体和渗碳体组成的机械混合物,用符号 Ld 表示。在 727℃ 以下是由渗碳体基体与珠光体组成的,其力学性能与渗碳体相近。

（六）贝氏体

过冷奥氏体在 550℃ ~ Ms[①] 的温度范围内,转变后形成的含碳量具有一定过饱和度的铁素体和分散的渗碳体的混合物,用 B 表示。在 550℃ ~ 350℃ 的温度范围内形成的贝氏体称为上贝氏体,硬度高而塑性差;在 350℃ ~ Ms 的温度范围内形成的贝氏体称为下贝氏体,具有良好的综合力学性能,即较高的强度、硬度和良好的塑性。

（七）马氏体

当钢的温度从奥氏体区急冷到 Ms 线以下时,只有 γ-Fe 向 α-Fe 的晶格改变,而不发生碳原子的扩散析出,从而形成碳在 α-Fe 中形成过饱和固溶体,用符号 M 表示。其中含碳量高的马氏体称为针状马氏体,硬度高,脆性大;含碳量较低的马氏体称为板条状马氏体,具有良好的强度和较好的韧性。

四、Fe-C 相图的构造及应用

Fe-C 相图如图 1-3-12 所示。

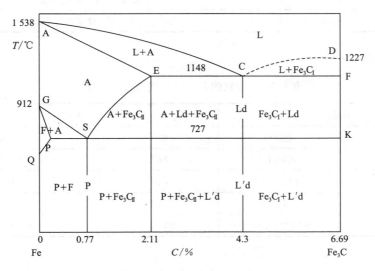

图 1-3-12　Fe-Fe₃C 相图

---

① Ms——马氏体转变开始线。

（一）特性点

表 1-3-1　简化的 Fe-Fe$_3$C 状态图特性点

特性点	温度 /℃	含碳量 /%	含　义
A	1 538	0	纯铁的熔点
C	1 148	4.3	共晶点 Lc → Ld（A$_E$ + Fe$_3$C）
D	1 227	6.69	渗碳体熔点
E	1 148	2.11	碳在 γ-Fe 中的最大溶解度
G	912	0	纯铁的同素异构转变点 γ-Fe → α-Fe
P	727	0.021 8	碳在 α-Fe 中的最大溶解度
S	727	0.77	共析点　As → P（Fp + Fe$_3$C）
Q	600	0.005 7	碳在 α-Fe 中的溶解度

（二）特性线

表 1-3-2　简化的 Fe-Fe$_3$C 状态图特性线

特性线	名　称	含　义
ACD 线	液相线	此线以上是液体，从此线开始结晶出一次渗碳体
AECF 线	固相线	冷却到此线，全部结晶为固相，加热至此线，固相开始熔化
ECF 线	共晶线	冷却至此线，发生共晶转变，生成莱氏体
PSK 线	共析线 A$_1$ 线	冷却至此线，发生共析转变，生成珠光体
ES 线	A$_{cm}$ 线	碳在奥氏体中的溶解度曲线
GS 线	A$_3$ 线	冷却时奥氏体析出铁素体的开始线

（三）相区

表 1-3-3　简化的 Fe$_3$-Fe$_3$C 状态图中的相区

单相区		两相区	
相区	相组成	相区	相组成
ACD 线上	液相（L）	ACE	L + A
AESG	奥氏体（A）	CDF	L + Fe$_3$C$_1$
GPQ	铁素体（F）	GSP	A + F
DFK	渗碳体线（Fe$_3$C）	PSK 线下	F + Fe$_3$C$_{II}$

（四）铁碳合金的分类及室温组织

表 1-3-4　铁碳合金的分类及室温组织

合金种类	工业纯铁	钢			白口铸铁		
		亚共析钢	共析钢	过共析钢	亚共晶白口铸铁	共晶白口铸铁	过共晶白口铸铁
ω_c	≤ 0.021 8	\multicolumn{3}{c}{$0.0218 < \omega_c ≤ 2.11$}	\multicolumn{3}{c}{$2.11 < \omega_c < 6.69$}		
		< 0.77	0.77	> 0.77	< 4.30	4.30	> 4.30
室温组织	F	F + P	P	$P + Fe_3C_{II}$	$P + Fe_3C_{II} + Ld'$	Ld'	$Ld' + Fe_3C_I$

（五）典型铁碳合金的结晶过程分析

典型铁碳合金的结晶过程分析，如图 1-3-13 所示。

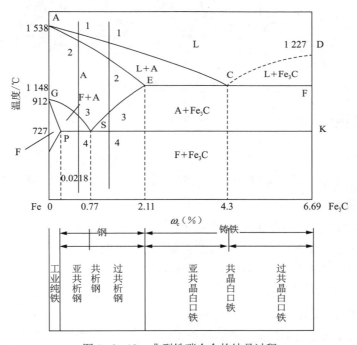

图 1-3-13　典型铁碳合金的结晶过程

1. 亚共析钢结晶过程

在 1 点以上时为液相；从 1 点开始液相结晶出奥氏体；到 2 点液相全部结晶为奥氏体；2 点到 3 点为单一奥氏体；从 3 点开始奥氏体中开始析出铁素体，奥氏体中的含碳量逐渐增加；到 4 点奥氏体在恒温下发生共析转变，转变成珠光体，如图 1-3-14 所示。合金组织由铁素体和珠光体组成。

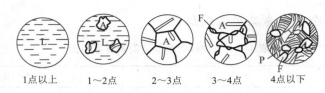

图 1-3-14 亚共析钢结晶过程

2. 过共析钢结晶过程

在 1 点以上时为液相；从 1 点开始液相开始结晶出奥氏体；到 2 点液相全部结晶为奥氏体；2 点到 3 点为单一奥氏体；从 3 点开始奥氏体中开始析出二次渗碳体，奥氏体中的含碳量逐渐减少；到 4 点，奥氏体在恒温下发生共析转变，转变成珠光体，如图 1-3-15 所示。合金组织由网状二次渗碳体和珠光体组成。

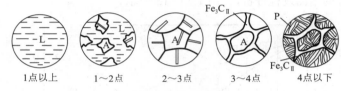

图 1-3-15 过共析钢结晶过程

五、钢的热处理

（一）退火

退火是将工件加热到适当温度，保持一定时间，然后缓慢冷却的热处理工艺。

1. 退火的目的

（1）降低钢的硬度，提高塑性，以利于切削加工及冷变形加工。

（2）细化晶粒，均匀钢的组织及成分，改善钢的力学性能。

（3）消除钢中的残余应力，以防止变形和开裂。

（4）为以后的热处理作准备。

2. 退火的分类及应用

（1）完全退火：将亚共析钢加热到完全奥氏体化（A_{C3} 以上 20℃～40℃），随之缓慢冷却，以获得接近平衡组织的热处理工艺方法。完全退火主要用于中碳钢及低合金结构钢的锻件、铸件、热轧型材等，有时也用于焊接结构件。

（2）球化退火：将过共析钢加热到 A_{C1} 以上 20℃～40℃，保温一定时间，以不大于 50℃/h 的速度冷却下来，使钢中碳化物呈球状的工艺方法，称为球化退火。球化退火适用于过共析钢、合金工具钢、轴承钢等。

（3）去应力退火：将钢加热到略低于 A_1 的温度，保温一定时间后缓慢冷却的工艺方法，称为去应力退火。钢在去应力退火时不发生组织转变。去应力退火适用于锻造、铸造、焊接及切削加工后精度要求高的工件。

（二）正火

正火是将工件加热奥氏体化后在空气中冷却的热处理工艺。

1. 正火的目的

（1）对低碳钢或低碳合金钢，正火可细化晶粒，提高硬度，改善其切削加工性。

（2）对合金调质钢，正火可获得均匀而细密的组织，为调质处理做好组织准备。

（3）对过共析钢，正火可消除网状渗碳体，为球化处理做好组织准备。

（4）对性能要求不高的零件，正火也可作为最终热处理。

2. 正火的应用

正火一般作为预备热处理，安排在毛坯生产之后粗加工之前。正火与退火相比较，冷却速度较快，得到的珠光体晶粒较细，硬度和强度较退火的高，操作简便，生产周期短，成本较低。

（三）淬火

将钢加热到 A_{C3} 或 A_{C1} 以上某一温度，保温一定时间，然后以适当速度冷却，获得马氏体或下贝氏体组织的热处理工艺称为淬火。

1. 淬火的目的

淬火的目的是为了获得马氏体，提高钢的硬度和强度。

（1）亚共析钢淬火：加热温度应选择在 A_{C3} 以上 30℃～50℃，加热得到细晶粒的奥氏体，淬火后得到细小的马氏体组织。

（2）过共析钢淬火：加热温度应选择在 A_{C1} 以上 30℃～50℃，淬火后得到细小马氏体基体上均匀分布着细颗粒状渗碳体组织。

2. 淬火的分类及应用

（1）单介质淬火：工件加热奥氏体化后在一种介质中冷却的淬火工艺。操作简便，易实现机械化、自动化。一般碳钢水淬，合金钢及尺寸较小的碳钢件油淬。

（2）双介质淬火：工件加热奥氏体化后，先浸入冷却能力强的介质，在组织即将发生马氏体转变时立即转入冷却能力弱的介质中冷却的淬火工艺。可减小淬火应力，减小变形，防止开裂，对操作技术要求较高。适用于形状复杂的高碳钢工件、尺寸较大的合金钢工件。

（3）马氏体分级淬火：工件加热奥氏体化后浸入温度稍高或稍低于 Ms 点的碱浴或盐浴中保持适当时间，在工件整体达到介质温度取出空冷以获得马氏体的淬火工艺。可显著减小工件的变形和开裂。适用于形状复杂的碳钢和合金钢工件。

（4）贝氏体等温淬火：工件加热奥氏体化后，快冷到贝氏体转变温度区间等温保持，使奥氏体转变为贝氏体的淬火工艺。应力和变形很小，工件强度、韧性、耐磨性较好，但生产率低。适用于形状复杂，要求尺寸精确、较高韧性的小型工模具和弹簧等。

（四）回火

将淬火后的钢，再加热到 A_{C1} 点以下某一温度，保温一定时间，然后冷却到室温的热处理工艺称为回火。

1. 回火的目的

(1) 消除工件淬火时产生的残留应力，防止变形和开裂。

(2) 高速工件的硬度、强度、塑性和韧性，达到使用性能要求。

(3) 稳定组织与尺寸，保证精度。

(4) 改善和提高加工性能。

2. 回火的分类及应用

(1) 低温回火：工件在 250℃ 以下进行的回火。保持淬火工件高的硬度和耐磨性，降低淬火残留应力和脆性。适用于刃具、模具、滚动轴承、渗碳及表面淬火的零件等。

(2) 中温回火：工件在 250℃～500℃ 之间进行的回火。得到较高的弹性和屈服点，适当的韧性。适用于弹簧、锻模、冲击工具等。

(3) 高温回火：工件在 500℃ 以上进行的回火。得到强度、塑性、韧性都较好的综合力学性能。广泛应用于各种较重要的受力结构件，如连杆、螺栓、齿轮及轴零件等。

六、焊工职业技能鉴定试题精选

（一）填空题

(1) 铁在 1 538℃ 结晶后具有 _____ 晶格，称为 δ-Fe；冷却到 1 394℃ 时，转变为 _____ 晶格，称为 γ-Fe；冷却到 912℃ 时，又转变为 _____ 晶格，称为 α-Fe。

(2) 合金在固态下的组织分为 _____、_____、_____。

(3) 正火是将工件加热 _____ 化后在 _____ 中冷却的热处理工艺。

(4) 淬火的目的是为了获得 _____ 组织，提高钢的 _____ 和 _____。

（二）选择题

(1) 金属材料在固态下随温度的改变由一种晶格转变为另一种晶格的现象称为（　　　）。

　　（A）共晶转变　　（B）共析转变　　（C）迁移　　　　（D）同素异构转变

(2) 液态纯铁在 1 538℃ 时结晶，得到具有（　　）晶格的 δ-Fe。

　　（A）体心立方　　（B）面心立方　　（C）密排六方　　（D）斜方

(3) 由于溶质原子的溶入，而使固溶体强度、硬度升高的现象称为（　　　）。

　　（A）弥散强化　　（B）固溶强化　　（C）沉淀硬化　　（D）析出硬化

(4) 珠光体的力学性能特点是（　　　）。

　　（A）强度较高，有塑性　　　　　　（B）强度较低，有塑性

　　（C）强度、塑性很差　　　　　　　（D）强度较低，塑性很好

(5) 在铁碳合金相图中，（　　　）线是冷却时奥氏体向铁素体转变的开始线。

　　（A）ES　　　　　（B）GS　　　　　（C）ACD　　　　（D）ECF

(6) 在铁碳合金相图中，（　　　）线是共析转变线。

　　（A）ES　　　　　（B）GS　　　　　（C）PQ　　　　　（D）PSK

(7) 将钢加热到适当的温度并保持一定的时间，然后缓慢冷却的热处理工艺称为（　　　）火。

　　（A）退　　　　　（B）回　　　　　（C）正　　　　　（D）淬

（8）钢的组织不发生变化，只是消除内应力的是（　　）火处理。

　　（A）正　　　　　（B）回　　　　　（C）淬　　　　　（D）去应力退

（9）淬火的主要目的是为了获得（　　）体组织。

　　（A）铁素　　　　（B）珠光　　　　（C）马氏　　　　（D）莱氏体

（10）将淬火加（　　）火相结合的热处理工艺称为调质处理。

　　（A）正　　　　　（B）低温回　　　（C）中温回　　　（D）高温回

（三）判断题

（1）工业上使用的金属材料一般都是单晶体。　　　　　　　　　　　　　　　（　　）

（2）铁碳合金相图上的共析线是 PSK。　　　　　　　　　　　　　　　　　　（　　）

（3）铁碳合金相图说明了快速加热或冷却时铁碳合金组织变化的规律。　　　　（　　）

（4）热处理的实质是使钢在固态范围内，通过加热保温和冷却的方法改变内部组织结构从而改变其性能的一种工艺。　　　　　　　　　　　　　　　　　　　　　　　　（　　）

（5）完全退火可用来改善含碳量为过共析钢成分的碳钢或合金铸锻焊轧制件的组织，以提高其塑性或切削加工性。　　　　　　　　　　　　　　　　　　　　　　　　　（　　）

（6）由于正火较退火冷却速度快，过冷度大，获得的珠光体组织较粗。　　　　（　　）

（7）正火与退火相比，主要区别是正火冷却速度较快，所获得的组织较细，强度硬度比退火高些。　　　　　　　　　　　　　　　　　　　　　　　　　　　　　　　　　（　　）

（8）正火不适用于碳钢及低中合金钢，而只适用于高合金钢。　　　　　　　　（　　）

（9）球化珠光体硬度强度较低，塑性较高，一般作为最终热处理组织。　　　　（　　）

（10）在 250℃～400℃ 范围内回火出现的脆性为低温回火脆性。　　　　　　　（　　）

第四章　常用金属材料知识

焊工职业技能鉴定要求

（1）常用金属材料的物理、化学和力学性能。

（2）碳素结构钢、合金钢、铸铁、有色金属的分类、牌号、成分、性能和用途。

一、金属材料的性能

金属材料的性能包括力学性能、物理性能、化学性能和工艺性能等。

（一）金属材料的物理性能

金属材料的物理性能包括密度、熔点、比热容、热导率、热膨胀系数、导电性、磁性、弹性模量等。材料的各种物理性能指标可从有关材料手册中查阅。

（二）金属材料的化学性能

金属材料化学性能是指金属材料在常温或高温时抵抗各种化学作用的能力；其主要化学性能是耐蚀性，包括抵抗大气、水汽、各种电解液侵蚀的能力。

（三）金属材料的工艺性能

金属材料的工艺性能是指材料加工成形的难易程度，包括铸造性、可锻性、焊接性和切削加工性等。

（四）金属材料的力学性能

金属材料的力学性能是指金属材料在外加载荷作用下表现出来的特性，包括强度、硬度、塑性、冲击韧度和疲劳强度等。

1. 强度

强度是指材料在外力作用下抵抗破坏的能力。材料在常温下的强度指标有屈服强度和抗拉强度。屈服强度表示材料抵抗开始产生大量塑性变形的能力，用 σ_s 表示；抗拉强度表示材料抵抗外力而不致断裂的最大应力，用 σ_b 表示。它们的单位都是 MPa。

对长期承受交变应力作用的金属材料，还要考虑其疲劳强度。金属材料经过无限次反复交变载荷不受破坏的最大应力称为疲劳强度。一般钢材以 $10^6 \sim 10^7$ 次不被破坏的应力作为疲劳强度。

2. 硬度

材料局部抵抗硬物压入其表面的能力称为硬度。硬度是比较各种材料软硬的指标，是固体对外界物体入侵的局部抵抗能力。衡量硬度的指标有布氏硬度（HBW）、洛氏硬度（HRC、HRB）和维氏硬度（HV）等。一般情况下，硬度高的材料强度高、耐磨性好，但切削加工性能差。

3. 塑性

塑性是指材料受力时,当应力超过屈服点后能产生显著的变形而不立即断裂的性能。工程上常用断后伸长率 δ 和断面收缩率 ψ 作为衡量材料塑性的指标。

断后伸长率主要是反映材料均匀变形的能力,它以试件拉断后,总伸长的长度与原始长度的比值百分率表示,其数学表达式为:

$$\delta = \frac{(l_k - l_0)}{l_0} \times 100\%$$

断面收缩率主要反映材料局部变形的能力,它以试件拉断后,截面缩小的面积与原始截面面积比值的百分率表示,其数学表达为:

$$\psi = \frac{(A_0 - A_k)}{A_0} \times 100\%$$

4. 韧性

韧性是指材料在断裂前吸收变形能量的能力。材料的韧性是用冲击韧度指标来衡量的。材料的冲击韧度是用其在冲击载荷作用下破坏时单位截面上所消耗的功 α_k 来衡量。α_k 称为冲击韧度,其单位为 J/cm^2。

二、碳素钢及合金钢

(一) 钢的分类

根据国家标准 GB/T13304 – 1991 规定,钢是以铁为主要元素,含碳量一般在 $\omega_c < 2\%$,并含有其他元素的材料。钢按化学成分可分为非合金钢(碳素钢)、低合金钢和合金钢三类。

1. 碳素钢

(1)按钢的含碳量的不同分类:

① 低碳钢:$\omega_c \leqslant 0.25\%$。

② 中碳钢:$0.25\% < \omega_c < 0.60\%$。

③ 高碳钢:$\omega_c \geqslant 0.60\%$。

(2)按钢的质量不同分类:

① 普通钢:$\omega_s \leqslant 0.050\%$,$\omega_p \leqslant 0.045\%$。

② 优质钢:$\omega_s \leqslant 0.035\%$,$\omega_p \leqslant 0.035\%$。

③ 高级优质钢:$\omega_s \leqslant 0.025\%$,$\omega_p \leqslant 0.025\%$。

(3)按钢的用途分类:

① 结构钢:主要用于制造各种机械零件和工程构件,含碳量(质量分数)一般小于 0.70%。

② 工具钢:主要用于制造各种刀具、模具和量具等,含碳量(质量分数)一般大于 0.70%。

(4)按钢冶炼时脱氧方法的不同分类:

① 沸腾钢:炼钢时仅加入锰铁进行脱氧,脱氧不完全。这种钢液铸锭时有大量的一氧化碳气体逸出,钢液呈沸腾状,故称为沸腾钢,代号为"F"。沸腾钢组织不够致密,成分不太均匀,硫、磷等杂质偏析较严重,故质量较差;但因其成本低、产量高,故被广泛用于一般工程。

② 镇静钢:炼钢时采用锰铁、硅铁和铝锭等作为脱氧剂,脱氧完全。这种钢液铸锭时能平静地充满锭模并冷却凝固,故称为镇静钢,代号为"Z"。镇静钢虽成本较高,但其组织致密、成

分均匀、含硫量较少、性能稳定,故质量好,适用于重要结构工程。

③ 半镇静钢:脱氧程度介于沸腾钢和镇静钢之间,故称为半镇静钢。代号为"b"。半镇静钢是质量较好的钢。

④ 特殊镇静钢:比镇静钢脱氧程度更充分、彻底的钢,故称为特殊镇静钢,代号为"TZ"。特殊镇静钢的质量最好,适用于特别重要的结构工程。

2. 合金钢

(1) 按合金元素总含量(质量分数)的不同分类:

① 低合金钢:合金元素总含量小于5%。

② 中合金钢:合金元素总含量为5%～10%。

③ 高合金钢:合金元素总含量大于10%。

(2) 按用途的不同分类:

① 合金结构钢:用于制造机械零件和工程结构的钢。

② 合金工具钢:用于制造各种工具(刃具、量具、模具等)的钢。

③ 特殊性能钢:具有某种特殊物理、化学性能的钢,如不锈钢、耐热钢等。

(二)碳素结构钢的牌号及含义

碳素结构钢分为普通碳素结构钢和优质碳素结构钢。

1. 普通碳素结构钢

由代表屈服点的汉语拼音字母"Q"、屈服点数值、质量等级符号和脱氧方法符号四个部分组成。质量等级符号用字母A、B、C、D表示;其中,A级S、P含量最高,D级S、P含量最低。脱氧方法符号用F、b、Z、TZ表示:F是沸腾钢,b是半镇静钢,Z是镇静钢,TZ是特殊镇静钢。Z与TZ符号在钢号组成表示方法中可省略。

2. 优质碳素结构钢

用两位数字表示,这两位数字表示该钢中平均含碳量(质量分数)的万分数。

(1) 普通含锰量钢:当钢中含锰量为0.35%～0.80%时,只用两位数字表示该钢中平均含碳量的万分数。

(2) 较高含锰量钢:当钢中含锰量为0.7%～1.2%时,则在两位数字后面标出元素符号"Mn"。

(3) 专用钢:在含碳量万分数的两位数字后面标出规定的符号。"F"为沸腾钢,"R"为压力容器用钢,"q"为桥梁用钢。

例如:

Q235-A·F —— 表示$\sigma_s \geq 235$ MPa,质量等级为A级,脱氧方法为沸腾钢的碳素结构钢;

16MnR —— 表示平均含碳为0.16%,有较高含锰量的压力容器用钢。

(三)碳素结构钢的性能及用途

1. 普通碳素结构钢

牌号从Q195到Q275共4种(详见GB/T700-2006)。这类钢杂质和非金属夹杂物较多,但冶炼容易、工艺性好、价格便宜。通常轧制成各种型材和板材。一般用于工程结构及一些受力不大的机械零件。

2. 优质碳素结构钢

优质碳素结构钢因杂质较少,常用来制造重要的机械零件。

（1）08～25钢属于低碳钢,强度和硬度较低,塑性、韧性及焊接性良好,主要用于制作冲压件、焊接结构件及强度要求不高的机械零件和渗碳件。

（2）30～55钢属于中碳钢,具有较高的强度和硬度,塑性和韧性降低,切削性能良好。调质（淬火＋高温回火）后能获得较好的力学性能,主要用来制作受力较大的机械零件。

（3）60以上钢属于高碳钢,具有较高的强度、硬度和弹性,焊接性不好,切削性稍差,冷变形塑性差,主要用来制造具有较高强度、耐磨性和弹性的零件。

（四）碳素结构钢主要生产品种和用途

碳素结构钢是钢铁生产中产量最大的钢种,其用途广泛,生产的产品种类繁多,价格低廉。

1. 棒材

碳素结构钢热轧棒材按截面形状有圆钢、方钢、扁钢、六角钢。所采用的牌号为Q195,Q215,Q235,Q275。圆钢、方钢主要用来制造螺纹连接件、屋架、桥梁、杆件、农机具等;扁钢主要用来制造化工机械、五金工具等;六角钢主要用来制造螺母等标准件。

2. 型钢

按截面形状分为简单断面型钢和复杂断面型钢。简单断面型钢包括八角钢、三角钢、弓形钢、椭圆钢、角钢等;复杂断面型钢包括工字钢、槽钢、钢轨、钢桩、H型钢等。通常采用的牌号为Q235。

型钢广泛应用于建筑、铁路、公路、桥梁、能源、采矿、汽车、轻工、农业、水利、机械、石油、化工等行业。

3. 钢板、钢带

钢板、钢带是产量大、用途广、品种多的钢材,在焊接中应用广泛,如建筑、桥梁、船舶、管线、车辆、机械等。其中,质量等级C、D级属于优质碳素结构钢,主要用于对韧性和焊接性能要求较高的钢结构。

4. 管材

管材分为无缝钢管和焊接钢管。

无缝钢管是一种具有中空截面、周边没有接缝的圆形、方形、矩形钢材。无缝钢管是用钢锭或实心管坯经穿孔制成毛管,然后经热轧、冷轧或冷拔制成。无缝钢管具有中空截面,大量用作输送流体的管道。

焊接钢管分为直缝钢管和螺旋钢管。碳素钢直缝钢管生产方法有两种:炉焊和电焊。按截面形状分为圆形焊管和异形焊管。异形焊管又分为简单断面（方形、矩形、椭圆形）、复杂断面（星形、十字形）和变截面三种。焊接钢管公称外径为5～508 mm,壁厚为0.5～12.7 mm。

螺旋钢管是将低碳碳素结构钢或低合金结构钢钢带按一定的螺旋线的角度（称成型角）卷成管坯,然后将管缝焊接起来制成。它可以用较窄的带钢生产大直径的钢管。

焊接钢管主要用途有两大类:一类是液体输送用,另一类是工程结构和机械结构用。

钢管与圆钢等实心钢材相比,在抗弯抗扭强度相同时重量较轻,是一种经济截面钢材,广泛用于制造结构件和机械零件,如石油钻杆、汽车传动轴、自行车架以及建筑施工中用的钢脚手架等。

5. 线材和钢丝

碳素钢线材一般采用碳质量分数不大于 0.25% 的低碳钢制成。线材按用途一般分为供拉拔钢丝用和建筑、打包用两种。钢丝是以热轧线材为坯料,经一系列拉拔加工而成的线材一次制品,按用途分为轻工用钢丝、电工用钢丝、钢筋用钢丝、纺织用钢丝等,按表面状态分为光面低碳钢丝和镀锌低碳钢丝。

（五）合金钢的牌号及意义

1. 低合金结构钢

低合金结构钢的牌号表示方法与普通碳素结构钢相同,如,Q390 表示 $\sigma_s \geqslant 390$ MPa 的低合金结构钢。其牌号从 Q345～Q690 共五种(详见 GB/T1591-2008)。

2. 合金结构钢

合金结构钢的牌号采用"两位数字 + 元素符号 + 数字"表示。前面两位数字表示碳含量的万分数,元素符号表示所含的合金元素,元素符号后面的数字表示该元素含量的百分数。当合金元素含量 < 1.5% ,只写元素符号,其后不标数字;当合金元素含量为 1.5%～2.49%、2.5%～3.49%……时,相应地标注 2,3,…若牌号末尾加"A",则表示钢中 S、P 含量少,钢的质量高。

例如,60Si2CrA 表示含碳量为 0.6%,含 Si 量约 2%,含 Cr 量 < 1.5%,含 S、P 少的合金弹簧钢。

3. 合金工具钢

合金工具钢的牌号的编制原则和合金结构钢的相似,不同的是,它用一位数字表示平均含碳量(质量分数)的千分数,但当其平均含碳量大于等于 1% 时,则含碳量不标出;合金元素的表示方法与合金结构钢相同。

例如,9SiCr 表示含碳量为 0.9%,含 Si 量 < 1.5%,含 Cr 量 < 1.5% 的合金工具钢。

4. 特殊性能钢

特殊性能钢的牌号和合金工具钢的表示方法相同,即前面的数字表示平均含碳量(质量分数)的千分数,合金元素仍以百分数表示。

例如,1Cr18Ni9 表示含碳量约为 1%,含 Cr 量约为 18%,含 Ni 量约为 9% 的奥氏体不锈钢。

（六）合金钢的性能及用途

1. 低合金结构钢

低合金结构钢是在低碳钢的基础上加入少量合金元素而制成的钢。这类钢因含碳量低,又加入少量合金元素起到强化作用,因此,它的强度高,塑性、韧性好,焊接性、冷成形性好,耐蚀性较好,广泛用来制造桥梁、船舶、车辆、锅炉、压力容器、起重机械等钢结构件。

2. 合金结构钢

合金结构钢又分为合金渗碳钢、合金调质钢、合金弹簧钢。

（1）合金渗碳钢：属于表面硬化合金结构钢，为低碳钢，用以制造渗碳零件。此类钢经渗碳、淬火、低温回火后有高的硬度和耐磨性，并保证零件心部有良好的塑性和韧性。主要用来制造既有优良的耐磨性和耐疲劳性，又能承受冲击载荷的零件，如汽车齿轮。典型的合金渗碳钢有 20CrMnTi、18Cr2Ni4WA 等。

（2）合金调质钢：合金钢经调质处理后具有综合的力学性能，既有很高的强度，又有很好的塑性和韧性。此类钢为中碳钢，用以制造经调质处理的、受力复杂的重要零件，如连杆、主轴等。典型的合金调质钢有 40Cr、40CrNi 等。

（3）合金弹簧钢：此类钢属于较高含碳量的中碳钢，具有高的强度和高的疲劳极限以及足够的塑性和韧性，主要用来制造各种机器和仪表中的弹性零件，这些零件利用弹性变形吸收能量以减缓振动和冲击，或依靠弹性储存能量以起驱动作用，如汽车板簧、气门弹簧等。典型合金弹簧钢有 60Si2Mn、60Si2CrA 等。

3. 合金工具钢

合金工具钢分为合金刃具钢、高速工具钢等。

（1）合金刃具钢：刃具工作时，刃部受强烈摩擦、冲击和振动，要求刃具钢有高的硬度、耐磨性、热硬性和足够的强度和韧性，如拉刀、丝锥等。典型合金刃具钢有 9SiCr、CrWMn 等。

（2）合金模具钢：分为冷作模具钢和热作模具钢。

冷作模具钢具有高的硬度和耐磨性，有一定的韧性和抗疲劳性，主要用于制造金属在冷态下变形的模具，工作中要承受很大的压力、弯曲力、冲击载荷和摩擦，如冷冲模、剪边模、冷挤压模等。典型冷作模具钢有 Cr12、9Mn2V 等。

热作模具钢具有高的热强性和热硬性、高温耐磨性和高的抗氧化性，以及高的抗热疲劳性和导热性，主要用来制造金属在高温下成形的模具，如热锻模、压铸模等。典型的热作模具钢有 5CrNiMo、3Cr2W8V 等。

（3）高速工具钢：高速工具钢含碳量高，加入大量 W、Mo、Cr、V 等合金元素。它具有高的硬度、耐磨性和热硬性，有很好的韧性和抗弯强度，热处理后硬度为 63～69 HRC 且变形小，可制造各种复杂刀具，如钻头、拉刀、成形刀具、齿轮刀具等。在切削温度 500℃～650℃时仍能进行切削加工。典型的高速工具钢有 W18Cr4V、W6Mo5Cr4V2。

4. 特殊性能钢

特殊性能钢分为不锈钢、耐热钢、耐磨钢等。

（1）不锈钢：此类钢能抵抗大气或其他介质腐蚀，一般分为铬不锈钢（如 1Cr13）和铬镍不锈钢（如 1Cr18Ni9）。

（2）耐热钢：此类钢在高温下具有高的抗氧化性能和较高强度，如耐氧化钢（1Cr17）、热强钢（4Cr9Si2）等。

（3）耐磨钢：此类钢具有良好的韧性和耐磨性，主要用于制造承受严重摩擦和强烈冲击的零件，如机车履带。典型钢种为高锰耐磨钢，其牌号为 ZGMn13。

三、有色金属

常用的有色金属有铜及其合金、铝及其合金、钛及其合金、轴承合金、硬质合金等。

（一）铜及其合金

1. 铜及其合金分类及牌号

（1）纯铜：其牌号按杂质分为一号铜 T1、二号铜 T2、三号铜 T3。

（2）黄铜：其牌号用"H + 数字"表示，数字表示平均含铜量（质量分数）的百分数。例如，H68 表示含铜量 68% 压力加工的普通黄铜。

（3）青铜：其牌号用"Q + 主加元素的元素符号及含量 + 其他加入元素的含量百分数"表示。例如，QSn4 - 3 表示含 Sn 为 4%，含其他元素为 3%，余量为铜的锡青铜。

2. 铜及其合金性能及用途

（1）纯铜：

纯铜有良好的导电性、导热性、耐蚀性和良好的塑性，常用来制造电线、电缆、铜管以及配制铜合金。

（2）铜合金：

① 黄铜：普通黄铜具有一定的强度、良好的塑性和良好的耐蚀性，但在海水中的耐蚀性差，一般做成板材或制造形状复杂的深冲压零件。

特殊黄铜具有比普通黄铜更高的强度、硬度和耐蚀性以及良好的铸造性能，主要用来制造重要的船用零件、电动机等耐蚀零件。

② 青铜：锡青铜具有良好的耐蚀性和铸造性能，广泛用于制造耐蚀零件及铸造形状复杂的铸件。

铝青铜具有优良的耐蚀性、耐磨性、耐热性和较好的力学性能，常用来铸造承受重载、耐蚀和耐磨零件。

铍（pí）青铜具有良好的导电性和导热性，较高的强度、硬度、耐蚀性和抗疲劳性，主要用于制造弹性零件和有耐磨性要求的零件。

硅青铜具有很好的力学性能和耐蚀性、良好的铸造性能和冷热变形加工性能，常用来制造耐蚀和耐磨零件。

（二）铝及其合金

1. 铝及其合金分类及牌号

（1）纯铝：按 GB/T 16474—1996 规定，铝含量不低于 99.00% 时为纯铝，其牌号用 1×××表示：牌号第二位的字母表示原始纯铝的改型情况，最后两位数字表示最低铝百分含量，小数点后的两位数，如 1A35 表示铝含量为 99.35% 的原始纯铝。

（2）变形铝合金：分为防锈铝合金 5A02、硬铝合金 2A01、超硬铝合金 7A03、锻铝合金 6A02 四类。

（3）铸造铝合金：其牌号以"Z"为首，后加铝的元素符号 Al，再加主要添加元素符号及其百分含量。例如，ZAlSi9Mg 表示含 Si9 为 9%，含 Mg 为 1%，余量为铝的铸造铝合金。

2. 铝及其合金性能及用途

（1）纯铝：密度小，导电性好，具有较好的抗大气腐蚀能力，塑性好，具有较好的加工工艺性能。工业纯铝用于制造电线、电缆及一些不受力、具有某种特性的零件。

（2）铝合金：

① 加工铝合金：防锈铝合金有适中的硬度、优良的塑性、优良的耐蚀性、良好的焊接性，用于制造需要焊接及在腐蚀介质中工作的油罐、各式容器等。

硬铝合金的强度高、硬度高，用于有综合要求的载荷零件或构件。

超硬铝合金在变形铝合金中强度最高，但塑性较低，具有良好的热加工性能，用于航空工业中的主要结构材料。

锻铝合金具有优良的热塑性，适用于热压力加工，用于生产各种锻件或模锻件。

② 铸造铝合金：铸造铝合金具有一定的强度和耐蚀性，具有良好的铸造性能，广泛用来制造形状复杂的零件。

（三）钛及其合金

1. 纯钛

其牌号用"TA + 数字"表示，常用的有 TA0、TA1、TA2、TA3 四种。随着顺序号数字增加，杂质含量增加，强度增高，而塑性、韧性降低。工业纯钛在大气、海水及化学介质环境中具有耐蚀性。

2. 钛合金

按使用状态组织的不同，分为 α 钛合金、β 钛合金、α + β 钛合金三类。它们的牌号分别用汉语拼音字母"TA""TB""TC"和其后的数字顺序号表示。

3. 钛合金性能及用途

α 钛合金组织稳定，耐蚀性、焊接性、热强性好，但室温强度较低，还能热处理强化。β 钛合金强度较高，冲压性能优良，可热处理强化，但冶炼工艺复杂。α + β 钛合金在室温下综合性能较好，可热处理强化，能进行冷热变形加工，应用最广。

（四）轴承合金

在滑动轴承中，制造轴瓦或内衬的合金称为轴承合金。与滚动轴承相比，滑动轴承具有承压面积大、工作平稳、无噪声以及装拆方便等优点。

轴承合金牌号由"Z"、基体金属元素符号、主要合金元素符号和各主要合金元素平均含量的百分数组成。常用的轴承合金有锡基、铅基、铜基和铝基轴承合金四种。

四、铸铁

（一）铸铁的分类及牌号

铸铁是含碳量（质量分数）大于 2.11%，在凝固过程中经历共晶转变，用于生产铸件的铁基合金的总称。铸铁中的碳以渗碳体或石墨的形式存在：当以渗碳体的形式存在时，称为白口铸铁；当以石墨的形式存在时，称为灰口铸铁。

白口铸铁断口呈白色，因其硬度高、脆性大，难以切削加工，故很少用来直接制造机械零件，主要用作炼钢原料、可锻铸铁毛坯以及高耐磨的轧辊等。

灰口铸铁断口呈灰色，根据石墨形态的不同，灰口铸铁又分为以下几种。

（1）灰铸铁：碳主要以片状石墨形态出现的铸铁。灰铸铁的牌号由"HT"及后面一组数字组成,数字表示最低抗拉强度 σ_b 值。例如,HT300,表示抗拉强度 $\sigma_b \geqslant 300$ MPa 的灰铸铁。

(2)可锻铸铁:碳主要以团絮状石墨形态出现的铸铁。它是将白口铸铁通过石墨化或氧化脱碳退火处理得到的。可锻铸铁的牌号由"KT"和代表类别的字母 H、B、Z 及后面的两组数字组成。其中,H 代表"黑心",B 代表"白心",Z 代表珠光体基体;两组数字分别代表最低抗拉强度和最低延伸率 δ。例如,KTH370 - 12,表示最低抗拉强度 $\sigma_b \geqslant 370$ MPa,最低延伸率 $\delta \geqslant 12\%$ 的黑心可锻铸铁。

(3)球墨铸铁:碳主要以球状石墨形态出现的铸铁。它是在铁水浇注前加入一定量的球化剂(稀土镁合金)和少量孕育剂(硅铁或硅钙合金)凝固后得到的。球墨铸铁的牌号由"QT"及后面的两组数字组成。第一组数字表示最低抗拉强度,第二组数字表示最低延伸率 δ。例如,QT600 - 3 表示最低抗拉强度 $\sigma_b \geqslant 600$ MPa,最低延伸率 $\delta \geqslant 3\%$ 的球墨铸铁。

(4)蠕墨铸铁:碳主要以蠕虫状石墨形态出现的铸铁。它是在铁水浇注前加入一定量的蠕化剂和少量孕育剂凝固后得到的。蠕墨铸铁的牌号由"RuT"及后面的一组数字组成,数字表示最低抗拉强度。例如,RuT300 表示最低抗拉强度 $\sigma_b \geqslant 300$ MPa 的蠕墨铸铁。

(二)灰铸铁的性能及用途

1.性能

灰铸铁的组织可看成是碳钢基体和片状石墨组成,因石墨化程度不同,得到铁素体、铁素体－珠光体、珠光体三种不同基体的灰铸铁。

灰铸铁的性能主要取决于基体组织以及石墨的形态、数量、大小和分布。因石墨的力学性能极低,片状石墨的尖端处易造成应力集中,使灰铸铁的抗拉强度、塑性、韧性比钢低很多。石墨片数量越多、尺寸越大、分布越不均匀,则灰铸铁的力学性能越差。但石墨对抗压强度和硬度影响不大,故灰铸铁的挤压强度和硬度与相同基体的钢相近。当石墨的形态、数量、大小和分布相同时,铸铁的性能取决于基体组织。基体中珠光体越多,铸铁的强度、硬度越高,但塑性、韧性越低。

由于石墨的存在,使铸铁具有良好的减振性、减摩性、低的缺口敏感性、优良的铸造性和切削加工性。

2.用途

(1)铁素体灰铸铁:牌号为 HT100,用于制造载荷小、对磨损无特殊要求不重要的零件,如盖、手轮等。

(2)铁素体-珠光体灰铸铁:牌号为 HT150,一般受力不大的铸件,如底座、罩壳、刀架座等。

(3)珠光体灰铸铁:牌号为 HT200、HT250,机械制造中较重要的铸件,如机床床身、齿轮、划线平板、底座等。

(4)孕育铸铁:牌号为 HT300、HT350,用于制造要求高强度、高耐磨性的重要铸件,如重型机床床身、机架、高压油缸、泵体等。

五、焊工职业技能鉴定试题精选

(一)填空题

(1)金属材料的性能包括_____、_____、_____和_____等。

（2）碳素钢按含碳量不同可分为＿＿＿＿＿＿、＿＿＿＿＿＿和＿＿＿＿＿＿三种。

（3）钢按冶炼时脱氧方法的不同分为＿＿＿＿、＿＿＿＿、＿＿＿＿、＿＿＿＿。

（4）在含碳量万分数的两位数字后面标出规定的符号。"F"为＿＿＿＿＿＿钢，"R"为＿＿＿＿＿＿钢，"q"为＿＿＿＿＿＿钢。

（二）选择题

（1）金属材料性能中，材料的物理性能不包括（   ）。

  （A）熔点   （B）热膨胀性   （C）耐腐蚀性 （D）导热性

（2）金属材料的线膨胀系数越大，表示该材料热胀冷缩的程度（   ）。

  （A）越大   （B）越小   （C）与线膨胀系数无关 （D）不变

（3）金属性能中，化学性能包括（   ）。

  （A）热膨胀性 （B）耐蚀性   （C）冲击韧性 （D）铸造性能

（4）金属材料力学性能中的强度指标包括（   ）。

  （A）伸长率 （B）收缩率   （C）硬度   （D）屈服点

（5）抗拉强度是金属材料的主要力学性能指标，常用符号（   ）表示。

  （A）σ （B）σ_b （C）σs （D）σA

（6）冲击韧度的单位是（   ）。

  （A）J/cm^2 （B）N/cm （C）$1/m$ （D）N/cm^2

（7）按化学成分的不同，可以把钢材分为（   ）两类。

  （A）碳素钢和合金钢   （B）中碳钢和高碳钢

  （C）普通和优质碳素钢   （D）结构钢和工具钢

（8）碳素结构钢是用来制造（   ）的钢。

  （A）工程结构件   （B）刀具和模具

  （C）机械零件和量具   （D）工程结构件和机械零件

（9）钢号"20"表示钢中碳的质量分数的平均值为（   ）。

  （A）0.20% （B）2.0%   （C）0.02%   （D）20%

（10）符号 Q215－b 中"b"的含义是（   ）。

  （A）镇静钢 （B）含杂质少   （C）半镇静钢 （D）含杂质高

（11）9CrSi 钢中 Cr 和 Si 的质量分数的平均值为（   ）。

  （A）>1%   （B）>1.5%   （C）<1.5% （D）<1%

（12）符号 2Cr13 中"2"的含义是（   ）。

  （A）碳的质量分数为 0.2%   （B）碳的质量分数为 0.02%

  （C）铬的质量分数为 0.2%   （D）碳的质量分数为 2%

（三）名词解释

（1）Q235－A·F

（2）16MnR

（3）60Si2CrA

第五章　常用金属材料焊接知识

焊工职业技能鉴定要求

（1）掌握金属材料的焊接性概念及影响焊接性的因素。

（2）掌握钢材焊接性的估算方法。

（3）掌握常见金属材料焊接知识。

一、金属材料的焊接性概念及影响焊接性的因素

（一）金属材料的焊接性概念

焊接性是指金属材料对焊接加工的适应性，反映金属材料在一定的焊接工艺条件下获得优质焊接接头的难易程度。它包括以下两方面内容：

（1）接合性能：在一定的焊接工艺条件下，金属材料形成焊接缺陷的敏感性；

（2）使用性能：在一定的焊接工艺条件下，金属材料的焊接接头对使用要求的适应性。

（二）影响金属材料焊接性的因素

金属材料焊接性的好坏主要决定于材料的化学成分，而且与结构的复杂程度、刚度、焊接方法、采用的焊接材料、焊接工艺条件及结构的使用条件有着密切关系。影响钢材焊接性的因素主要有以下几个方面。

1. 材料因素

材料因素包括焊件本身和使用的焊接材料，如焊条电弧焊时的焊条、埋弧焊时的焊丝和焊剂、气体保护焊时的焊丝和保护气体等。它们在焊接时都参与熔池或半熔化区内的冶金过程，直接影响焊接质量。母材或焊接材料选用不当时会使焊缝金属化学成分不合格，力学性能和其他使用性能降低，还会出现气孔、裂纹等缺陷。

2. 工艺因素

对于同一焊件，当采用不同的焊接方法和工艺措施时，所表现的焊接性也不同。

（1）焊接方法对焊接性的影响，首先表现在焊接热源能量大小、温度高低及热输入的多少上。例如，对于有过热敏感的高强钢，从防止过热出发，适宜选用窄间隙焊接、等离子弧焊接、电子束焊接等方法，以改善焊接性；相反，对于焊接时容易产生白口组织的灰铸铁，从防止白口出发，应选用气焊、电渣焊等方法。

（2）工艺措施对焊接接头缺陷、提高使用性能也有重要的作用。例如，焊前预热、焊后缓冷和去氢处理等，对防止热影响区淬硬倾向、降低焊接应力、避免氢致冷裂纹均为比较有效的措施。再如，合理安排焊接顺序能减少焊接应力变形等。

3. 结构因素

焊接接头的结构设计直接影响应力状态，从而对焊接性发生影响。应使焊接接头处于刚

度较小的状态,能够自由收缩,以防止焊接裂纹。要尽量避免缺口、截面突变,焊缝余高过大、交叉焊缝等,以避免引起应力集中、焊件厚度或焊缝体积增大,产生多向应力。

4.使用环境

焊接结构的使用环境是多种多样的,有在高温、低温环境下工作的,有在腐蚀介质中工作的,有在静载或动载条件下工作的等。在高温下工作时,可能产生蠕变;在低温环境中工作或在冲击载荷下工作,焊接性不容易得以保证。

二、钢材焊接性的估算方法

钢的焊接性取决于碳及合金元素的含量,其中影响最大的元素是碳。钢中含碳量越高,其热影响区淬硬的倾向越大,焊接性越差。钢中除了碳元素以外,其他的元素如锰、铬、镍、铜、钼等对钢的淬硬都有影响。把钢中合金元素(包括碳)的含量按其作用换算成碳的相当含量,用符号 ω_{CE} 表示,它可作为评定钢材焊接性的一种参考指标,称为碳当量鉴定法。国际焊接学会推荐的碳钢和低合金结构钢的碳当量 ωCE 的计算公式如下:

$$\omega_{CE} = \omega_C + \omega_{Mn}/6 + (\omega_{Ni} + \omega_{Cu})/15 + (\omega_{Cr} + \omega_{Mo} + \omega_V)/5$$

式中的元素符号表示其在钢中的质量分数。根据经验,当 $\omega_{CE} < 0.4\%$ 时,钢材的淬硬倾向不明显,焊接性优良,焊接时不必预热;当 $\omega_{CE} = 0.4\% \sim 0.6\%$ 时,钢材的淬硬倾向逐渐明显,焊接性较差,焊接时需要采取适当预热和控制热输入等工艺措施;当 $\omega_{CE} > 0.6$ 时,淬硬倾向更强,焊接性差,焊前必须采用较高温度预热和严格的工艺措施。

用上述方法来判断钢材的焊接性只能作近似的估计,并不完全代表材料的实际焊接性。例如,16MnCu 钢的碳当量在 $0.34\% \sim 0.44\%$,从碳当量上看焊接性尚好,但当厚度增大时焊接性变差。

三、碳素钢的焊接知识

(一)碳素钢的焊接性

1.低碳钢

低碳钢的碳质量分数 $\omega_C \leqslant 0.25\%$,塑性好,而且淬硬倾向小,是焊接性能最好的金属材料。

2.中碳钢

中碳钢碳质量分数为 $0.25\% < \omega_C < 0.60\%$,有一定的淬硬倾向,焊接性较差。

(二)碳素钢的焊接方法

1.低碳钢

几乎可采用所有的焊接方法来进行焊接,并能保证焊接接头的良好质量。

2.中碳钢

最好的焊接方法是焊条电弧焊,较好的焊接方法是埋弧焊、气体保护焊等。

（三）碳素钢焊接材料选择

1. 低碳钢

对于焊条电弧焊来说,焊条的选择是根据母材强度等级来选择相应强度等级的结构钢焊条,采用碱性焊条时焊缝金属的抗裂性和低温冲击韧度较好。对于气体保护焊来说,应用最广的 H08Mn2SiA 焊丝,还可采用 H08MnSi、H08MnSiA 等。

2. 中碳钢

尽量采用碱性焊条,以防止冷裂纹的产生。特殊情况下,可采用镍基不锈钢焊条焊接或补焊中碳钢,其特点是不预热的情况下,也不易产生冷裂纹。

（四）中碳钢焊接的特点

对于中碳钢来说,焊接预热是防止冷裂纹产生的最重要措施;焊接坡口要开成 U 形,以减少焊件熔入量;采用碱性焊条施焊,焊前焊条要烘干;采用锤击焊缝的方法,以减小残余应力,细化晶粒;焊后尽可能缓冷。

四、低合金钢的焊接知识

（一）低合金钢的焊接性

低合金钢的化学成分不同,性能差异很大,焊接时的差异也较大。强度等级较低,如300 M～400 MPa 的低合金钢的焊接性能接近普通碳素结构钢,焊接性能优良。对强度大于500 MPa 的低合金钢,含碳量较高,焊接性能较差,特别对厚度较大或结构刚度较大的焊件,焊接时就必须采用一定的工艺措施。

1. 淬硬倾向

强度越高,一般含碳量和所含合金元素越高,其淬硬倾向就越大。焊件焊后冷却速度越快,其淬硬倾向也越大。焊件的冷却速度取决于焊件的厚度、尺寸大小、接头形式、焊接方法、焊接参数、预热温度等。

2. 冷裂纹

冷裂纹一般产生在焊缝金属和热影响区。强度级别高的厚板,由于其淬硬倾向大,易得到淬硬组织,又因接头的残余应力较大易产生冷裂纹。

3. 热裂纹

一般不产生热裂纹,只有原材料化学成分不符合要求时如 S、P 含量偏高才能产生热裂纹。

（二）低合金钢的焊接方法

低合金钢可采用焊条电弧焊、埋弧焊、钨极氩弧焊 CO_2 气体保护焊、电渣焊等焊接方法。这主要取决于产品的结构、板厚、性能要求和生产条件等。其中,埋弧焊、焊条电弧焊和熔化极气体保护焊是常用的焊接方法。

（三）低合金钢焊接材料的选择

低合金钢是强度用钢,因此选择焊接材料时应保证焊缝的强度、韧性和塑性等性能符合产品设计要求。所以，应该按"等强度"原则选择与母材强度相当的焊接材料，并综合考虑焊缝金属的韧性、塑性及抗裂性能。

如 16Mn 属于强度等级为 345 MPa 的强度钢，按"等强度"原则，并综合考虑焊缝金属的韧性、塑性及抗裂性，应选 E5015 焊条。

（四）低合金钢的焊接工艺特点

1. 预热

焊前预热能降低焊后冷却速度，避免出现淬硬组织，减少焊接应力，是防止裂纹的有效措施，也有助于改善接头的组织性能，是低合金钢焊接时常用的工艺措施。

2. 控制热输入

对于强度等级较高的低合金钢，为降低淬硬倾向，防止冷裂纹的产生，热输入应偏大一些。热输入也不能太大，防止粗晶区晶粒粗大。可用预热的方法来减小热输入。

3. 降低含氢量的工艺措施

采用低氢碱性焊条，严格按规范烘干焊条，清除焊丝表面和坡口两侧的锈、水、油污等。

4. 后热

后热是焊接后立即对焊件加热或保温，使其缓冷的工艺措施。这是防止冷裂纹产生的重要工艺措施。对于低合金钢来说，后热主要是指消氢处理，即将焊接区加热到 300℃ 左右，保温 2～6 小时。

5. 焊后热处理

对低合金钢来说，一般不进行热处理，但对压力容器壁厚达到规定时，焊后要进行削除应力热处理并改善组织性能。

五、铝及铝合金的焊接知识

（一）铝及铝合金的焊接性

铝及铝合金具有熔点低、导热性好、热膨胀系数大、易氧化、高温强度低等特点，给焊接带来很大困难，因而焊接性很差。焊接时存在的主要困难如下。

（1）易氧化：铝极易被氧化，常温下就能被氧化而在表面生成一层致密氧化膜，氧化膜熔点很高，在焊接过程中易造成夹渣；氧化膜不导电，影响电弧稳定性；同时氧化膜还吸附一定量的结晶水，使焊缝产生气孔。

（2）气孔：液态铝及铝合金溶解氢的能力很强，加上铝的导热性好，溶池凝固很快，气体来不及析出而形成氢气孔。

（3）热裂纹：铝的热膨胀系数比钢大一倍，而凝固收缩率比钢大两倍，焊接时产生较大的焊接应力。当焊缝杂质过多时，易产生热烈纹。

（4）塌陷：铝和铝合金熔点低，高温强度低，而且熔化时没有显著的颜色变化，因此焊接时常因温度过高无法察觉而导致塌陷。

（5）接头不等强：铝及铝合金焊接时，由于热影响区受热而发生变化，强度降低而使焊接接头和母材不能达到等强度。

（二）铝及铝合金的焊接方法

常用的焊接方法是气焊、钨极氩弧焊、熔化极氩弧焊。现在实际生产中最常用的是后两种。

（三）铝及铝合金的焊接工艺

1. 焊前准备及焊后清理

焊前准备的目的主要是清除焊件及焊丝表面的油污和氧化膜。焊后清理的目的是清除留在焊缝及邻近区域残存的焊渣，这些焊渣在空气、水分的参与下会腐蚀焊件。

2. 电源极性

铝及铝合金一般采用交流焊，在电流方向变化时具有阴极破碎作用，打破氧化膜，还可以使钨极发热量小，防止钨极熔化。

3. 焊接操作

钨极氩弧焊，采用左向焊法，钨极不要触及熔池，以免造成夹钨。焊接结束时注意真满弧坑，防止弧坑裂纹。

六、焊工职业技能鉴定试题精选

（一）填空题

（1）焊接性是指金属材料对焊接加工的____性，反映金属材料在一定的焊接工艺条件下，获得的____难易程度。它包括两方面内容：____、____。

（2）影响钢材焊接性的因素主要有____、____、____、____四个方面。

（3）钢的焊接性取决于____及____的含量，其中影响最大的元素是____。钢中含碳量越高，其热影响区____的倾向越大，焊接性越差。

（4）铝及铝合金具有____、____、____、____等特点，给焊接带来很大困难，因而焊接性很差。

（二）选择题

（1）焊接低合金结构钢时，容易出现的焊接缺陷是（　　）。

　（A）气孔　　　　（B）冷裂纹　　　　（C）热裂纹　　　　（D）未焊透

（2）钢的碳当量 $\omega_C > 0.4\%$ 时，其焊接性（　　）。

　（A）优良　　　　（B）较差　　　　（C）很差　　　　（D）一般

（3）低合金钢电渣焊焊缝及粗晶区晶粒粗大，焊后必须（　　），以细化晶粒提高冲击韧度。

　（A）正火处理　　（B）退火处理

　（C）回火处理　　（D）淬火处理

（4）手工钨极氩弧焊焊接铝及铝合金时一般采用（　　）。

　（A）直流反接　　（B）直流正接　　（C）交流电　　　　（D）脉冲电流

（5）铝及铝合金的氧化膜（　　），因此焊接时易造成夹渣。

　（A）致密　　　　（B）吸附水分　　（C）不导电　　　　（D）熔点高

（三）计算题

（1）10MnR 的化学成分：C 为 0.18%，Mn 为 1.66%，Si 为 0.35%，S 为 0.021%，P 为 0.027%。求其碳当量。

（2）在钢材 18MnMoNb 中化学成分：C 为 0.23%，Mn 为 1.65%，Si 为 0.37%，Mo 为 0.65%，Nb 为 0.50%。求该钢材的碳当量。

第六章　电工基本知识

焊工职业技能鉴定要求

（1）直流电与电磁的基本知识。
（2）交流电基本概念。
（3）变压器的结构和基本工作原理。
（4）电流表和电压表的使用方法。

一、直流电

直流电指电流的大小和方向都不随时间的变化而变化的电流,用符号 DC 表示。通常蓄电池或干电池产生的电都是直流电。

要研究直流电,必须从以下几方面入手。

（一）电流

电荷的定向移动就形成了电流。我们习惯把正电荷定向移动的方向规定为电流的方向。电流的大小用电流强度表示,简称电流,符号 I,单位为 A（安）（$1mA = 10^{-3}A$,$1\mu A = 10^{-6}A$）。它的含义是每秒通过导体横截面的电量,即 $I = Q/t$;式中,Q 为电量,t 为时间。

（二）电压

要使导体中有持续电流,两端必须保持一定电位差,这个电位差叫电压,又称电压降;用符号 U 表示,单位为 V（伏）。

要形成电流须满足两个条件:一是要有自由移动的电荷——自由电荷;二是导体两端保持一定电压。

（三）电阻

金属中自由电子在定向移动时跟金属正粒子碰撞,阻碍了自由电子的定向移动,这种阻碍作用称为电阻,用 R 表示,单位为 Ω（欧）,图形符号如图 1-6-1 所示。

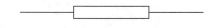

图 1-6-1　电阻图形符号

实验证明:当温度保持不变时,各种材料制成的导线,其电阻与它的长度 L 成正比,与导体横截面 S 成反比,即:

$$R = \rho L/S$$

式中,ρ 为材料的电阻率（Ω·m）,仅与材料有关,不同的材料,其 ρ 值不一样。

（四）电源和电动势

电源是把其他能量转化为电能的装置,如电池、各种发电机。直流电源图形符号如图1-6-2所示。

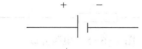

图1-6-2 直流电源图形符号

电动势是衡量电源做功能力的物理量,用 E 表示,单位为 V（伏),方向由负极指向正极。

（五）欧姆定律

1. 部分电路欧姆定律

通过电阻的电流与导体两端电压成正比,与电阻成反比,即 $I = U/R$。

2. 全电路欧姆定律

闭合电路内的电流,跟电源的电动势成正比,跟电路的全部电阻成反比。如图1-6-3所示,即 $I = E/R + R_0$。其中,R 为负载电阻,R_0 为电源内阻。

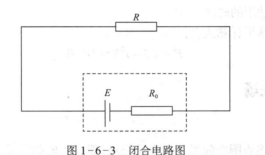

图1-6-3 闭合电路图

（六）电阻串并联电路

1. 串联电路

如图1-6-4,把几个电阻无分支的首尾相连叫作串联。串联电阻特点是总电阻为各个电阻之和。总电压等于各个电阻上电压之和。总电流等于各个电阻上的电流。

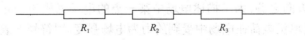

图1-6-4 电阻串联

即 $R = R_1 + R_2 + R_3$ $U = U_1 + U_2 + U_3$ $I = I_1 = I_2 = I_3$

2. 并联电路

如图1-6-5,把几个电阻一端连在一起,另一端也连在一起,称为并联电路。并联电路特点是总电阻的倒数,等于各个电阻倒数之和。总电压与各个电阻电压相等。总电流等于各个电阻上的电流之和。

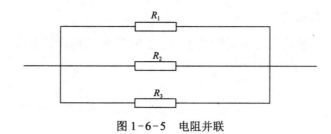

图 1-6-5　电阻并联

即 $1/R = 1/R_1 + 1/R_2 + 1/R_3$　　　$U = U_1 = U_2 = U_3$　　　$I = I_1 + I_2 + I_3$

（七）电功及电功率

1. 电功

电流所做的功称为电功。用 W 表示，单位为 J（焦）。日常生活中用 kW·h 作为电功的单位，俗称度。1 kW·h = 3.6×10^6 J。电功计算式有：

$$W = UIt = I^2Rt = U^2t/R$$

2. 电功率

电流单位时间所做的功称为电功率，用 P 表示。单位为 W（瓦），即 $P = W/t$。W 为电流所做的功，t 为电流做功用的时间。

负载上的电功率常用计算式有：

$$P = UI = I^2R = U^2/R$$

二、电场和磁场

（一）电场

如果有电荷存在或周围空间里存在变化磁场，那么在电荷周围或变化磁场周围就会产生一种特殊物质。这种物质与通常的实物不同，它不是由分子原子所组成，我们既看不见也摸不着，但却客观存在，我们把它叫作电场。

电场具有力和能量等客观属性。力的性质表现为电场对放入其中的电荷有作用力，电场的能的性质表现为当电荷在电场中移动时电场力对电荷作功。

1. 电场强度

电场有强弱和方向之分，为了描述电场中某一点的电场强弱和方向，我们引入了电场强度的概念。我们定义单位电荷在电场中受到的力为电场强度，用符号 E 表示，单位为牛/库伦，即：

$$E = F/Q$$

式中，F 为电荷在电场中受的力，Q 为电荷带的电量。

常用计算式为：

$$E = U/d$$

2. 电场线

为形象地描述电场强弱和方向，在电场中人为地画出一些有方向的曲线，曲线上一点的切线方向表示该点电场强度的方向。电场线的疏密程度与该处场强大小成正比,叫作电场线。

电场线的特点是电场线不闭合,始于正电荷(无穷远)止于负电荷(无穷远),如图1-6-6所示。

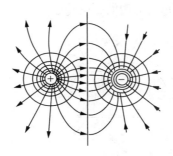

图1-6-6　正负电荷的电场线示意图

其实,导体两端加上电压形成电流,是因为电场对导体中的自由电荷产生力的作用,使自由电荷产生定向移动。焊接中,焊接电弧的形成与维持都与电场有密切联系。

(二) 磁场

铁磁性物质或电流的周围空间里存在着一种既看不见又摸不着的特殊物质,我们把它叫作磁场。

和电场一样,磁场具有通常物质所具有的力和能量等客观属性。力的特性表现为对放入它里面的磁体或电流产生力的作用。能的特性表现为当磁体或电流在磁场受力移动时,磁场力对磁体或电流做功,也就把磁场携带的能量转化成了动能。

1. 磁感应强度

为了描述磁场的强弱和方向,我们引入了磁感应强度。磁感应强度是矢量,用符号 B 表示,单位是 T(特斯拉)。

磁感应强度大小计算式为:

$$B = F/IL$$

式中:F 为垂直于磁场方向的通电导线受到的力;I 为通电导线的电流,L 为通电导线的有效长度。

磁感应方向为小磁针在这一点静止时 N 极所指的方向。

如果在磁场的某一区域里,磁感应强度的大小和方向都相同,这个区域就称为匀强磁场。匀强磁场的磁感线是一些分布均匀的平行直线。

2. 磁通

磁感应强度 B 与面积 S 的乘积,称为穿过这个面的磁通量(简称磁通),用符号 Φ 表示,单位是 Wb(韦),即:

$$\Phi = BS$$

引入了磁通这个概念,我们可以把磁感应强度看作通过单位面积的磁通,因此,磁感应强度也常称为磁通密度,并且用 Wb/m^2(韦/米^2)做单位。

3. 磁感线

为形象地描述磁场强弱和大小,在磁场中人为地画出一些有方向的曲线,曲线上一点的切线方向表示该点磁场强度的方向。磁场线的疏密程度与该处磁场大小成正比。我们把这样的线称为磁感线。不同磁铁、电流周围的磁感线如图1-6-7所示。

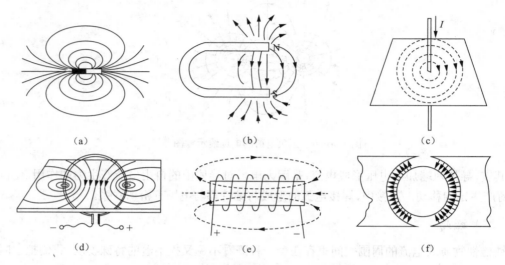

图1-6-7　不同铁磁性物质和电流的磁感线示意图

(三) 电磁感应

当穿过闭合电路的磁通量发生变化时,电路中就会产生电流。我们把这种电流称为感应电流,把这种现象称为电磁感应现象。电磁感应现象还可以描述为闭合电路的一部分导体在磁场中作切割磁力线运动时,闭合电路中就会产生感应电流。

两种描述角度不同,本质一样,只要闭合电路磁通量变化了,肯定伴随着闭合电路的一部分导体作切割磁感线运动。图1-6-8所示的分别为产生磁感应现象的两个实验。图1-6-8(a)主要从切割的角度去分析,1-6-8(b)主要从磁通变化的角度去分析。

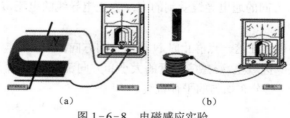

图1-6-8　电磁感应实验

发生电磁感应现象时,产生的感应电流方向是可以确定的,也就是感应电流的磁场总是阻碍引起感应电流的磁通的变化。我们把它叫作楞次定律。我们也可以用右手定则来判断:伸出右手,让磁感线穿过手心,拇指指向导体运动方向,则四指指的方向就是产生的感应电流的方向。

电磁感应现象无处不在,只要我们使用交流电,电流的周围就存在着变化的磁场,当导体靠近这些变化磁场时都会在内部感应出电流。

三、交流电

（一）正弦交流电

交流电指电流和电压的大小和方向都随时间做周期性变化的电流。我们用符号 AC 表示。我们日常用电和工业用电电流和电压的大小和方向变化规律为正弦函数，因此我们称之为正弦交流电，简称交流电。如图 1-6-9 中分别画出了直流电和几种常见交流电的波形图。

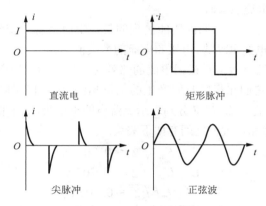

图 1-6-9　几种常见电流波形图

1. 正弦交流电的产生

正弦交流电在生产、输送、分配、使用等方面具有优点，得到了广泛应用。它的产生和波形图如图 1-6-10 所示。

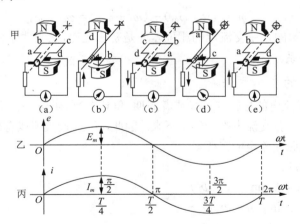

图 1-6-10　正弦交流电的产生及波形图

2. 描述正弦交流电的物理量

正弦交流电除了具备交流电规律，又具有自己的一些特点。我们可以用以下物理量来描述正弦交流电。

（1）周期：指交流电完成一次周期性变化所需的时间，用符号 T 表示，单位为 s（秒）。

（2）频率：指交流电一秒内完成周期性变化的次数，用符号 f 表示，单位是 Hz（赫兹）。我们的日常用电的频率为 50 Hz,周期是 0.02 s,称为工频。

周期和频率成倒数关系,即:

$$T = 1/f$$

(3)角频率:交流电每秒变化的电角度称为角频率,用符号 ω 表示,单位为 rad/s,计算式为:

$$\omega = 2\pi/T = 2\pi f$$

(4)瞬时值:交流电任意时刻的数值称为交流电的瞬时值。我们用符号 e、u、i 分别表示交流电的电动势、电压和电流的瞬时值。

(5)最大值:交流电在一个周期内所能达到的最大瞬时值称为交流电的最大值,用符号 E_m、U_m、I_m 分别表示交流电的电动势、电压和电流的最大值。

(6)有效值:交流电的有效值是根据电流的热效应来规定的。让交流电和直流电分别通过同样阻值的电阻,如果它们在相同时间产生的热量相同,这一直流电的数值称为这一交流电的有效值。我们通常用符号 E、U、I 分别表示交流电的电动势、电压和电流的有效值。

正弦交流电的有效值和最大值之间有如下关系:

$$E = E_m/\sqrt{2} \approx 0.707 E_m$$
$$U = U_m/\sqrt{2} \approx 0.707 U_m$$
$$I = I_m/\sqrt{2} \approx 0.707 I_m$$

(7)相位与初相:$t = T$ 时,刻线圈平面与中性面的夹角为 $\omega t + \varphi_0$,叫作交流电的相位。当 $t = 0$ 时,相位 $\varphi = \varphi_0$,φ_0 叫作初相位(简称初相),它反映了正弦交流电起始时刻的状态。初相用绝对值小于 π 的角表示。

(8)相位差:两个同频正弦交流电,任一瞬间的相位之差就叫作相位差,用符号 φ 表示。即:

$$\varphi = (\omega t + \varphi_{01}) - (\omega t + \varphi_{02}) = \varphi_{01} - \varphi_{02}$$

可见,两个同频率的正弦交流电的相位差就是初相之差,它表明了两个正弦量之间在时间上的超前或滞后关系。

3. 正弦交流电的表示方法

如果已知正弦交流电的振幅、频率(或者周期、角频率)和初相(三者缺一不可),就可以用解析式或波形图将该正弦交流电唯一确定下来。因此,振幅(最大值或有效值)、频率(或周期、角频率)、初相叫作正弦交流电的三要素。

(1)解析式表示法:

电动势瞬时值:$e = E_m \sin(\omega t + \Phi_0)$

电流瞬时值:$i = I_m \sin(\omega t + \Phi_0)$

电压瞬时值:$u = U_m \sin(\omega t + \Phi_0)$

式中:E_m、I_m、U_m 为最大值,ω 为角频率,Φ_0 为初相位。

(2)波形图表示法:

在平面直角坐标系中,将时间 t 或角度 ωt 作为横坐标,与之对应的 e,u,i 的值作为纵坐标,作出 e,u,i 随时间 t 或角度 ωt 变化的曲线叫交流电的波形图,它的优点是可以直观地看出交流电的变化规律。图 1-6-11 是用五点法描绘出的正弦交流电的波形图。当然,我们也可以通过示波器直观地显示出来。

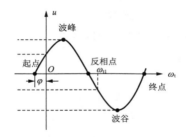

图1-6-11　正弦交流电波形图表示法

（二）三相正弦交流电

三相正弦交流电是指把三个大小相等、频率相同、初相位互差120°的正弦交流电电动势相接后形成的交流电,简称三相电。三相分别用符号 U、V、W 来区分,波形图如图1-6-12所示。

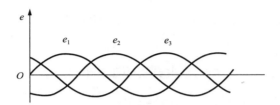

图1-6-12　对称三相电动势波形图与相量图

1. 三相交流电的表达式

如果以 U 相为参考正弦量,则三相交流电表达式为:

$$E_U = E_m \sin \omega_t$$
$$E_V = E_m \sin(\omega_t - 120°)$$
$$E_W = E_m \sin(\omega_t + 120°)$$

2. 三相交流电的供电方式

目前低压供电系统多数采用三相四线制供电,它是把发电机三个线圈的末端 U_2、V_2、W_2 连成一点,并从这一点引出第四根线进行供电的方式。中性点用 N 表示。从中性点引出的线叫作中线,因与大地相接,我们也称为零线;从线圈始端 U_1、V_1、W_1 引出的线称为端线,俗称火线,如图1-6-13所示。

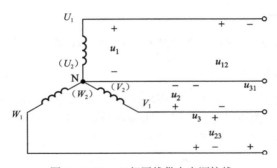

图1-6-13　三相四线供电电源接线

三相交流电可输送两种电压：一种是端线和端线间的线电压。另一种是端线与中线间的相电压。$U_{线} = \sqrt{3} \, U_{相}$，线电压的相位超前相电压$30°$。

3. 三相交流电的负载的联接

（1）星形联接（Y形）：

将三相负载的一端分别接在L_1、L_2、L_3端线上，另一端接在中线上为星形联接，如图1-6-14所示。

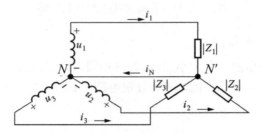

图1-6-14　三相负载的星形联接

（2）三角形联接（△）：

将三相负载的两端依次首尾相接，并分别接在三个端线上为三角形联接，如图1-6-15所示。

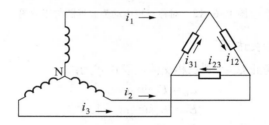

图1-6-15　三相负载的星形联接

负载采用什么联接方式要根据负载的额定电压来确定。

四、电流的三大效应

三大效应是指热效应、磁效应和化学效应。平时我们对电的应用主要在这三大效应方面。

（一）电流的热效应

电流通过导体要发热，这叫作电流的热效应，如白炽灯、电炉、电烙铁、电焊等。

（二）电流的磁效应

有电流存在时，电流的周围就会产生磁场，给绕在软铁心周围的导体通电，软铁心就产生磁性，而磁性强弱与电流大小成正比。这种现象就是电流的磁效应。例如，电铃、蜂鸣器、电磁扬声器、电磁炉、各种变压器、电动机、电焊机等都是利用电流的磁效应原理工作的。

（三）电流的化学效应

电流通过导电的液体会使液体发生化学变化，产生新的物质。电流的这种效果叫作电流的化学效应。例如，电解、电镀、电离、金属的电化学腐蚀以及可充电电池的充电等利用的就是电流的化学效应。

各种电焊机主要组成部分就是一台特殊的降压变压器，其原理是利用电流的磁效应制成的，而电焊机产生电弧的焊接过程是利用了电流的热效应。

五、变压器

（一）变压器构造

变压器的主体部分是铁心和绕组。铁心是由厚为 $0.35 \sim 0.5$ mm、表面涂有绝缘漆的硅钢片叠压而成。绕组是由绝缘铜线或铝线绕制而成。另外，有的变压器还有油箱、绝缘套管、冷却装置、保护装置及出线装置等如图 1-6-16 所示。

图 1-6-16　电力变压器和单相变压器

（二）变压器的符号

变压器的字母符号是"T"，最简单变压器图形符号如图 1-6-17 所示。

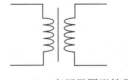

图 1-6-17　变压器图形符号

（三）变压器的用途

变压器除了变换电压之外，还可以变换电流，变换阻抗，改变相位。由此可见，变压器是输配电、电子线路和电工测量中十分重要的设备。

（四）变压器的种类

变压器的种类很多，常用的有输配电用的电力变压器、电解用的整流变压器、实验用的调压变压器、电子技术中的输入和输出变压器等。其实，我们的电焊机最核心部分就是一台降压变压器。

（五）变压器的原理

变压器是利用电磁感应现象制成的电磁装置，如图1-6-18所示。

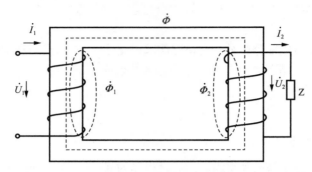

图1-6-18　变压器工作原理图

当变压器一次绕组接上交流电后，在一次、二次绕组中就产生交变的磁通。根据电磁感应现象可知道，这时就会在一次绕组和二次绕组里面感应出感应电动势；如果二次绕组接上负载，二次绕组就相当于一个新的电源。这就是变压器的工作原理。

（六）变压器的变换公式

1. 变换交流电压

$$U_1/U_2 \approx N_1/N_2 = K$$

式中：N_1为原线圈匝数，N_2为副线圈匝数，K称为变压比。

可见变压器一次、二次绕组的端电压之比等于两个绕组的匝数比。

2. 变换交流电流

$$I_1/I_2 \approx N_2/N_1 = K$$

上式表示变压器一、二次绕组的电流跟绕组匝数成反比。

3. 变换交流阻抗

$$Z_1 \approx K_2 Z_2$$

式中：Z_1为一次侧阻抗，Z_2为二次侧阻抗，可见，在二次侧接上负载阻抗Z_2时，就相当于使电源直接接上一个阻抗$Z_1 \approx K_2 Z_2$

六、电流表和电压表

（一）电流表和电压表的分类、构造、原理及特点

电流表和电压表主要分为磁电式和电磁式两大类。直流电流和电压的测量大都采用磁电式仪表（构造见图1-6-19（a））。其原理是根据通电线圈在磁场中受到电磁力的作用偏转制成的。其特点是测量灵敏准确，标尺均匀。

交流电流和电压的测量大都采用电磁式仪表（构造见图1-6-19（b））。其原理是利用通电固定线圈所产生的磁场对动铁片的作用力而制成的。其特点是标尺刻度不均匀，但结构简单，过载能力强。

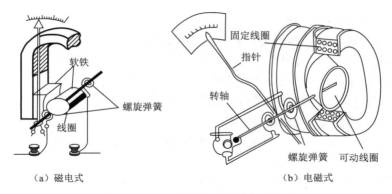

（a）磁电式　　　　　　　　　　　（b）电磁式

图 1-6-19　磁电式和电磁式仪表构造

（二）电流表的使用

1. 接线方法

电流表必须和负载串联,对于磁电式电流表必须让电流从"＋"接线柱流入。

2. 量程选择

根据被测电流大小,使所选量程大于被测电流。若不能确定被测电流大小,应先选用较大量程试测后再换适当量程。为减小误差,选量程时尽可能接近于满刻度值。

3. 扩大量程的方法

当测量电流值超过其量程时,把电流表与一低值电阻并联,使电流表中只通过和被测电流成一定比例的较小电流,以达到扩大量程的目的,如我们常用的电流互感器。

（三）电压表的使用

1. 接线方法

电压表必须并联在被测电压两端。使用磁电式仪表时注意"＋""－"极性,以免接反。

2. 量程选择

必须使所选量程大于被测电压值,最好让电压表工作在满刻度 2/3 区域,以提高测量准确性。

3. 扩大量程的方法

把电压表串联一个高阻值的附加电阻,使较高被测电压按一定的比例变换成电压表所能承受的较低电压,从而扩大量程,如我们常用的电压互感器。

七、焊工职业技能鉴定试题精选

（一）判断题

（1）采用频率为 50 Hz 的交流电作为电弧电源时,电弧的电压和电流每秒钟要变换极性 50 次,通过零点 50 次。　　　　　　　　　　　　　　　　　　　　（　　）

（2）电流表使用时应串入待测电路中,电压表使用时应与待测电路并联。　（　　）

（3）电流可以产生磁场,磁场可以产生感应电流。　　　　　　　　　　（　　）

（4）电流的方向,习惯上规定为正电荷定向移动的方向。　　　　　　　（　　）

（5）电阻率高的材料导电性能良好。　　　　　　　　　　　　　　　　（　　）

（6）电路中的零点位参考点可任意选择。　　　　　　　　　　　　　　（　　）

（7）电阻并联后的总电阻值总是小于任何一个分电阻值。　　　　　　　（　　）

（8）电源的电动势与电源的端电压相等。　　　　　　　　　　　　　　（　　）

（9）由公式 $R = U/I$ 可知,导体的电阻与它两端的电压成正比,与通过它的电流成反比。

　　　　　　　　　　　　　　　　　　　　　　　　　　　　　　　　（　　）

（10）焊丝材料相同,其直径越大,则电阻越大,电离作用越弱。　　　　（　　）

（二）选择题

（1）用（　　　）来确定通电导体在磁场中所受作用力的方向。

　　A. 左手定则　　　　　　　　　　B. 右手定则

　　C. 左手螺旋定则　　　　　　　　D. 右手螺旋定则

（2）变压器都是利用（　　　）工作的。

　　A. 电磁感应原理　　　　　　　　B. 电流磁效应原理

　　C. 欧姆定律　　　　　　　　　　D. 楞次定律

（3）正弦交流电的三要素是指（　　　）。

　　A. 最大值、瞬时值、周期　　　　B. 最小值、瞬时值、初相位

　　C. 瞬时值、频率、初相位　　　　D. 最大值、频率、初相位

（4）380 V 或 220 V 交流电,是指交流电压的（　　　）。

　　A. 最大值　　　　B. 最小值　　　　C. 有效值　　　　D. 瞬时值

（5）某家庭有100 W 洗衣机一台、90 W 电冰箱一台、60 W 电灯一盏和40 W 电视机一台,若所有的电器同时使用,则该用户应该选用（　　　）的电流表。

　　A. 1 A　　　　　　B. 3 A　　　　　　C. 5 A　　　　　　D. 6 A

（6）量程3 V 的电压表,其内阻为3 kΩ,现在如果要量程扩大到18V,这需要连接的电阻为（　　　）。

　　A. 12 kΩ　　　　　B. 15 kΩ　　　　　C. 18 kΩ　　　　　D. 21 kΩ

（7）弧焊变压器一次侧交流电压为220 V,二次侧交流空载电压为70 V,一次侧匝数为660匝,则二次的匝数为（　　　）。

　　A. 210 匝　　　　　B. 220 匝　　　　　C. 240 匝　　　　　D. 260 匝

第七章　常用焊接材料

焊工职业技能鉴定要求

（1）正确选择和使用常用金属材料的焊条。

（2）正确选择和使用焊丝。

（3）正确选择和使用保护气体。

（4）正确选择和使用焊剂。

一、焊条电弧焊的焊接材料

（一）焊条的分类

焊条可分为两类，酸性焊条和碱性焊条。

所谓酸性焊条，其熔渣的成分主要是酸性氧化物（如二氧化钛、二氧化硅、三氧化二铁）及其他在焊接时易放出氧的物质。药皮里的造气剂为有机物，焊接时产生保护气体。

此类焊条脱氧不完全，不能有效地清除焊缝里的硫磷等杂质，故焊缝金属的冲击韧度比较低。宜焊接低碳钢和不太重要的钢结构。酸性焊条价格较低，焊接工艺性较好，容易引弧，电弧稳定，飞溅较小，对弧长不敏感，对焊前准备要求低，而且焊缝成形好。

所谓碱性焊条，是指熔渣的主要成分是碱性氧化物和铁合金，焊接时大理石分解产生二氧化碳气体。这类焊条的氧化性弱，对油、水、铁锈等很敏感，焊前清理要求较严格。

焊缝金属中合金元素较多、硫磷杂质较少，因此焊缝力学性能好，特别是冲击韧度好，主要应用于合金钢和重要碳钢结构。碱性焊条价格稍贵、焊接工艺性差、引弧困难、电弧稳定性差、飞溅大，因此必须采用短弧焊；焊接外形稍差，鱼鳞纹较粗。

（二）焊条的编号

焊条型号的编制方法：按照 GB/T5117—2012、GB/T5118—2012 规定碳钢和低合金钢焊条型号编制方法如下。

（1）第一部分字母"E"表示焊条。

（2）第二部分前两位数字表示熔敷金属抗拉强度的最小值，单位为 MPa。

（3）第三部分为字母"E"后面的第三和第四两位数字表示药皮类型、焊接位置和电流类型。

（4）第四部分为熔敷金属的化学成分分类代号，其中"无标记"或短划"＿＿"后的字母、数字或字母和数字的组合。

（5）第五部分为熔敷金属的化学成分代号之后的焊后状态代号，其中"无标记"表示焊态，"P"表示热处理状态，"AP"表示焊态和焊后热处理两种状态均可。

除以上强制分类代号外，根据供需双方协商，可在型号后依次附加可选代号。

（6）字母"U"，表示在规定实验温度下，冲击吸收能量可以达到 47 J 以上。

（7）扩散氢代号"HX"，其中 X 代表 15、10 或 5，分别表示每 100 g 熔敷金属中扩散氢含量的最大值(mL)。

碳钢焊条型号举例如下:

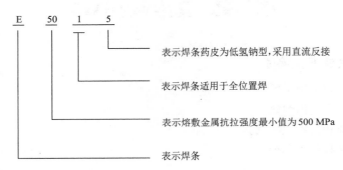

表示焊条药皮为低氢钠型,采用直流反接

表示焊条适用于全位置焊

表示熔敷金属抗拉强度最小值为 500 MPa

表示焊条

低合金钢焊条型号举例如下:

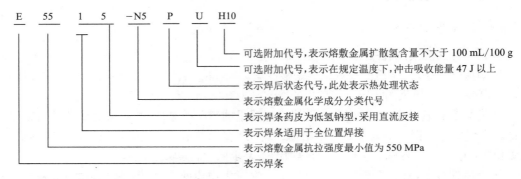

可选附加代号,表示熔敷金属扩散氢含量不大于 100 mL/100 g

可选附加代号,表示在规定温度下,冲击吸收能量 47 J 以上

表示焊后状态代号,此处表示热处理状态

表示熔敷金属化学成分分类代号

表示焊条药皮为低氢钠型,采用直流反接

表示焊条适用于全位置焊接

表示熔敷金属抗拉强度最小值为 550 MPa

表示焊条

(三)焊条的选用

选择焊条的基本原则是在确保焊接结构安全、可靠使用的前提下,根据被焊材料的化学成分、力学性能、板厚及接头形式、焊接结构特点、受力状态、结构使用条件对焊缝性能的要求、焊接施工条件和技术经济效益等进行综合比较后,尽量选用工艺性能好和生产效率高的焊条。同种钢焊接时焊条选用要点如下。

1. 根据焊缝金属的力学性能和化学成分要求

(1)对于普通及低合金结构钢通常要求焊缝金属与母材等强匹配,因此选用抗拉强度等于或稍高于母材的焊条。

(2)对于特殊性能钢(不锈钢和耐热钢等),通常要求焊缝金属的主要合金成分与母材金属相同或相近。

(3)对于被焊结构刚度大、接头应力高、易产生裂纹的情况,宜采用低强匹配,即选用焊条的强度级别比母材低一级。

(4)对母材中碳、硫、磷含量较高以及焊接时易产生裂纹的场合,应选用抗裂性好的低氢型焊条。

2. 根据焊件的使用性能和工作条件要求

(1)对于承受动载和冲击载荷的结构,除满足强度要求外,还要保证焊缝具有较高的塑性和韧性,因此应选用低氢型焊条。

（2）对于接触腐蚀介质的构件或在高温或低温下工作的构件，选用相应的不锈钢焊条、耐热或低温焊条。

3. 根据焊件的结构特点和受力状态

（1）对结构形状复杂、刚性大及大厚度焊件，由于焊接过程中会产生很大的应力，容易使焊缝产生裂纹，应选用抗裂性能好的低氢型焊条。

（2）对于焊接部位难以清理干净的焊件，应选用氧化性强，对铁锈、油污和氧化皮不敏感的酸性焊条。

（3）对受条件限制不能翻转的结构。有些焊缝处于非平焊位置，应选用全位置焊接的焊条。

4. 操作工艺性能

在满足产品性能要求的条件下，尽量选用工艺性能好的酸性焊条。

5. 合理的经济效益

（1）在满足使用性能和操作工艺的条件下，尽量选用成本低、效率高的焊条。

（2）对于焊接工作量大的结构，应尽量选用高效率焊条如铁粉焊条、重力焊条等；或选用封底焊条、立向下焊条等专用焊条，以提高生产率。

6. 根据焊接电源种类和极性的选择

通常根据焊条类型确定焊接电源的种类。低氢钠型焊条必须采用直流反接。低氢钾型焊条可采用直流反接或交流电源。酸性焊条通常采用交流电源焊接，也可以用直流电源；焊厚板时用直流正接，焊薄板时用直流反接。

二、埋弧焊的焊接材料

（一）焊丝

目前埋弧焊焊丝与手弧焊焊条的焊芯同属一个国家标准。按照焊丝的成分和用途，可分为碳素结构钢、合金结构钢和不锈钢焊丝三大类。

常用焊丝直径有 1.6 mm，2 mm，2.5 mm，3 mm，4 mm，5 mm，6 mm 等。焊丝在使用时，要求表面清洁，无氧化皮、铁皮和污物等。

（二）焊剂

1. 焊剂主要作用

（1）焊剂熔化后形成熔渣，可以防止空气中氧、氮等气体侵入熔池，减缓焊缝冷却速度，改善焊缝结晶状况，促使焊缝良好成形。

（2）可向熔池过渡有益元素，改善焊缝化学成分，提高力学性能。

2. 焊剂的分类

（1）按制造方法可分为熔炼焊剂、烧结焊剂和黏结焊剂：

① 熔炼焊剂：将一定比例的各种配料混合均匀后在炉中熔炼，随后注入水中急冷，再干燥、破碎和筛选而制成的一种焊剂，一般制成玻璃状焊剂。目前，我国熔炼焊剂生产和应用较多。

② 烧结焊剂：将一定比例的各种粉状配料拌匀，加入水玻璃调成湿料，在 700 ℃～1 000 ℃

温度下烧结成块，再经粉碎、筛选而制成的一种焊剂。由于熔炼焊剂在生产制造过程中耗能大、污染严重，所以在国外 80% 以上的焊剂都是烧结焊剂。

③ 黏结焊剂（亦称陶质焊剂）：将一定比例的各种粉状配料加入水玻璃，混合拌匀，然后经粒化和低温（350 ℃～500 ℃）烘干而制成的一种焊剂。

后两种焊剂没有熔炼过程，所以可在焊剂中添加合金元素，以改善焊缝金属的合金成分，但化学成分不是很均匀，易导致焊缝性能不均匀。

（2）按化学成分分类可分为高锰焊剂、中锰焊剂、低锰焊剂和无锰焊剂。根据焊剂中二氧化硅和氟化钙的含量高低，还可分成不同的焊剂类型。

焊剂颗粒度对焊剂的要求除了与焊条中的药皮有相同之处外，还要求有一定的颗粒度。一般来说，大电流焊接时宜选用细颗粒度焊剂，可使焊道成形美观；小电流焊接时宜选用粗颗粒度焊剂，有利于气体逸出，避免麻点、凹坑甚至气孔出现；高速焊时，为保证气体逸出，也宜选用颗粒度相对较大的焊剂。通常，烧结焊剂的粒度为 10～60 目，熔炼焊剂的粒度为 8～40 目；也可提供特种颗粒度的焊剂。

3. 焊剂牌号

焊剂牌号形式为"焊剂×××"。后面三位数字的具体内容如下。

（1）第一位数字表示氧化锰的平均含量，见表 1-7-1。

（2）第二位数字表示焊剂中二氧化硅、氟化钙的平均含量，见表 1-7-2。

（3）第三位数字表示同一类型焊剂不同牌号。

（4）对同一牌号焊剂生产两种颗粒度时，在细颗粒焊剂牌号后面加"细"字。

焊剂牌号举例如下：

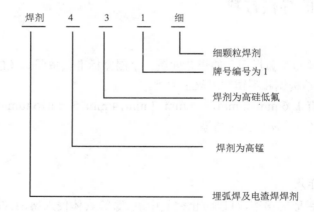

表 1-7-1　焊剂牌号与氧化锰的平均含量

牌　号	焊剂类型	氧化锰平均含量
HJ1××	无锰	<2%
HJ2××	低锰	2%～15%
HJ3××	中锰	15%～30%
HJ4××	高锰	>30%

表 1-7-2 焊剂牌号与二氧化硅、氟化钙的平均含量

牌　号	焊剂类型	二氧化硅和氟化钙平均含量	
HJ×1×	低硅低氟	$SiO_2 < 10\%$	$CaF_2 < 10\%$
HJ×2×	中硅低氟	$SiO_2 \approx 10\% \sim 30\%$	$CaF_2 < 10\%$
HJ×3×	高硅低氟	$SiO_2 > 30\%$ CaF_2	$CaF_2 < 10\%$
HJ×4×	低硅低氟	$SiO_2 < 10\%$ CaF_2	$CaF_2 \approx 10\% \sim 30\%$
HJ×5×	低硅中氟	$SiO_2 \approx 10\% \sim 30\%$	$CaF_2 \approx 10\% \sim 30\%$
HJ×6×	中硅中氟	$SiO_2 > 30\%$	$CaF_2 \approx 10\% \sim 30\%$
HJ×7×	低硅高氟	$SiO_2 < 10\%$	$CaF_2 > 30\%$
HJ×8×	中硅高氟	$SiO_2 \approx 10\% \sim 30\%$	$CaF_2 > 30\%$

4. 埋弧焊焊剂型号

根据埋弧焊焊缝金属的力学性能来划分焊剂的型号。

表示方法举例如下：

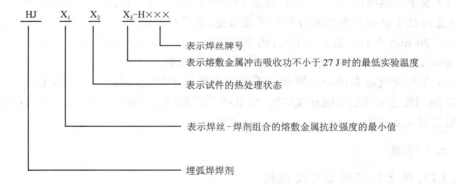

5. 焊剂与焊丝的选配

埋弧焊时焊丝与焊剂的化学成分和物理性能对焊缝金属的化学成分、组织和性能有重要影响，正确选择焊丝与焊剂的配合是埋弧焊技术的一项重要内容。

焊接低碳钢和强度较低的低合金高强钢时，为保证焊缝的力学性能，宜采用低锰或含锰焊丝，配合高锰高硅焊剂，如 H08A、H08MnA 焊丝配 HJ431 或 HJ430 焊剂；或采用高锰焊丝配合无锰高硅或低锰高硅焊剂，如 H10Mn2 焊丝配 HJ130 或 HJ230 焊剂。

焊接有特殊要求的合金钢如低温钢、耐热钢、耐蚀钢等，为保证焊缝金属的化学成分，要选用相应的合金钢焊丝，配合碱度较高的中硅、低硅型焊剂。

三、CO_2 气体保护电弧焊的焊接材料

（一）CO_2 气体

CO_2 是略有气味的无色气体，可溶于水（其水溶液稍有酸味），其密度为空气的 1.5 倍，沸点为 -78℃。焊接用的 CO_2 气体一般是将其压缩成液体储存于钢瓶内。CO_2 气瓶的容量为 40 L，可装 25 kg 的液态 CO_2，满瓶压力为 5 M～7 MPa。气瓶外表涂铝白色，并标有黑色"液化二氧化碳"字样。

25 kg 液态 CO_2 约占钢瓶容积的 80%，其余 20% 左右的空间则充满了汽化的 CO_2。气瓶压力表上所指示的压力值，就是这部分气体的饱和蒸气压。此压力大小和环境温度有关。温度升高，饱和蒸气压升高；温度降低，饱和蒸气压亦降低。当环境温度为 30℃时，饱和蒸气压可达 7.2 MPa。因此 CO_2 气瓶要防止烈日暴晒或靠近热源，以免发生爆炸。只有当液态 CO_2 全部汽化后，瓶内 CO_2 气体的压力才随 CO_2 气体的消耗而逐渐下降。

液态 CO_2 在常温下容易汽化。溶于液态 CO_2 中的水分易蒸发成水汽混入 CO_2 气体中，降低 CO_2 气体的纯度。在气瓶内汽化 CO_2 气体中的含水量与瓶内的压力有关；随着使用时间的增长，瓶内压力降低，水汽增多。当压力降低到 0.98 MPa 时，CO_2 气体中含水量大为增加，不能继续使用。

随着二氧化碳气体中水分的增加，焊缝金属中的扩散氢含量也增加，焊缝金属的致密性、塑性变差，容易出现气孔，还可能产生冷裂纹。因此，焊接用的 CO_2 气体应该有较高的纯度，一般技术标准规定是：$O_2 < 0.1\%$；$H_2O < 1 \sim 2g/m^3$；$CO_2 > 99.5\%$。

为提高输出的 CO_2 气体纯度，常用措施如下。

（1）鉴于在温度高于 -11℃时，液态 CO_2 比水轻，所以可把灌气后的气瓶倒立静置 $1 \sim 2$ h，以使瓶内处于自由状态的水分沉积于瓶口处，然后打开瓶口气阀，放水 $2 \sim 3$ 次即可，每次放水间隔 30 min 左右。放水结束后，仍将气瓶放正。经放水处理后的气瓶，在使用前先放气 $2 \sim 3$ min，放掉瓶内上部纯度低的气体，然后再接输气管。

（2）在焊接气路系统中设置高压干燥器和低压干燥器，以进一步减少 CO_2 气体中的水分。干燥剂常选用硅胶或脱水硫酸铜，吸水后它们的颜色会发生变化，见表 4-1；但经过加热烘干后又可重复使用。

（二）焊丝

1. CO_2 焊常用焊丝型号及规格

根据 GB/T8110～1995《气体保护电弧焊用碳钢、低合金钢焊丝》规定，焊丝型号由三部分组成。ER 表示焊丝；ER 后面的两位数字表示熔敷金属的最低抗拉强度；短划"—"后面的字母或数字表示焊丝化学成分分类代号，如还附加其他化学成分时直接用元素符号表示，并以短划"—"与前面数字分开。

CO_2 焊常用焊丝型号举例如下：

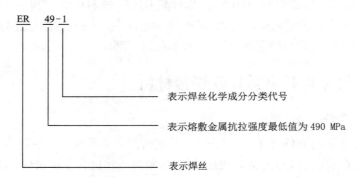

目前常用的 CO_2 气保焊焊丝有 ER49 和 ER50-6 等。ER49-1 对应的牌号为 H08Mn2SiA，ER50-6 对应的牌号为 H11Mn2SiA。对于低碳钢及低合金高强钢常用焊丝

H08Mn2SiA、H10MnSiMo，它有较好的工艺性能和力学性能以及抗热裂纹能力。

2. 焊丝的分类

CO_2焊丝可以分为实心焊丝和药芯焊丝。

（1）实心焊丝有 ER49-1、ER50-2、ER50-3、ER50-4、ER50-6、ER50-7。

ER49-1焊丝适用于单道焊和多道焊，具有良好的抗气孔性能，常用来焊接低碳钢和某些低合金钢。

ER50-2焊丝适用于镇静钢、半镇静钢和沸腾钢的单道焊，也可用于某些多道焊的场合。由于添加了脱氧剂，这种填充金属能够用来焊接表面有锈和污物的钢材。

ER50-3焊丝适用于焊接单道和多道焊缝，典型的母材标准通常与 ER50-2 类别适用的一样。ER50-3 焊丝是广泛使用的熔化极气体保护焊焊丝。

ER50-4焊丝比 ER50-3 脱氧能力更强，适用于焊接要求脱氧能力更高的钢种。典型的母材标准通常与 ER50-2 类别适用的一样。

ER50-6焊丝既适用于单道焊，又适用于多道焊，特别适合于要求有平滑焊道的金属薄板和有中等数量铁锈或热轧氧化皮的型钢和钢板。在进行 CO_2 气体保护焊接时，这些焊丝允许较高的电流范围。典型的母材标准通常与 ER50-2 类别适用的一样。

ER50-7焊丝适用于单道焊和多道焊。与 ER50-3 焊丝填充金属相比，它们可以在较高的速度下焊接，并且能提供较好的润湿作用和焊道成形。典型的母材标注通常与 ER50-2 类别适用的一样。

（2）药芯焊丝是用薄钢带卷成圆形管或异形管，在其管中填入一定成分的药粉，经过拉制而成的焊丝。通过调整药粉的成分和比例可获得不同性能、不同用途的焊丝。

药芯焊丝中焊药的主要作用：

① 保护熔化金属免受空气中氧和氮的污染，提高焊缝金属的致密性。

② 保持电弧稳定燃烧，减少飞溅，使接头区域平滑、整洁。

③ 熔渣与液态金属发生冶金反应，消除熔化金属中的杂质，熔渣壳对焊缝有机械性的保护作用。

④ 调整焊缝金属的化学成分，使焊缝金属具有不同的力学性能、冶金性能和耐蚀性能。

四、钨极氩弧焊（TIG）的焊接材料

（一）氩气

氩气是一种无色无味的惰性气体，比空气重 25%，密度大，可形成稳定气流层，能够起到良好的保护作用和良好的稳定电弧的作用。氩气常温不与其他物质反应，高温不溶于液态金属，有利于有色金属的焊接。氩气是分馏液态空气制取氧气的副产品，由于氩在空气中的含量仅为 0.935%，因此制取成本比氧高。氩气可以与其他气体任意比例混合，这对发展混合气体保护焊提供了有利条件。

焊接用氩气其纯度为 99.99%。杂质含量过多会使钨极加速烧损，并使焊缝金属氧化和氮化，增加焊缝金属的含氢量，降低焊接接头的质量。特别在焊接有色金属时，尤其要注意使用高纯度的氩气。

氩气瓶是灰色瓶体并标有绿色氩气字样，容积 40 L 20 ℃的满瓶压力 14.7 MP。

（二）钨极

1. 对电极材料的要求

（1）耐高温；

（2）发射电子能力强；

（3）载流能力大；

（4）磨削加工性好；

（5）放射性小。

2. 电极材料

（1）纯钨：

钨的熔点很高,约为 3 380 ℃,沸点约为 5 900 ℃,因此不易熔化和蒸发。用纯钨可以制成各种直径的电极,并具有较好的磨削加工性能。纯钨的逸出功较高,冷态引弧困难较大。熔点高,在高温时钨的热电子发射能力很强,电弧引燃后,电弧很稳定。在直流正极性焊接时（钨极为负极）,由于有较强的热电子发射能力,许用的焊接电流较大。在直流负极性时（钨极为正极）,钨极不能发挥热电子发射的优势,许用电流很小;交流焊时介于这两者之间,许用电流值也居中。

（2）钍钨：

在纯钨中加入 $1\% \sim 2\%$ 的氧化钍（ThO_2）,使电极的逸出功大大降低,电子发射能力显著增强,并改善电极的引弧性和稳弧性,而且能提高电极的载流能力,延长电极的使用寿命。但是,钍钨极中所含的少量 ThO_2 具有较强的放射性,应用时应予注意。

（3）铈钨：

在纯钨中加入 2% 左右的氧化铈（CeO）,使电极的逸出功明显降低,并且电极的引弧性及稳弧性提高。特别在小电流焊接时,铈钨极的弧束比钍钨极的还要细,电弧的热量也更集中。电极的烧损率下降,修磨次数可以减少,寿命较长;另外,铈钨极放射性很弱。

3. 电极的形状与尺寸

TIG 焊用电极,其直径的选择与焊接电流的种类及电流大小有关。电极端部的形状对焊接质量影响很大。直流 TIG 焊一般采取正极性（钨极接负极）

电极端部应磨削成圆锥状。交流 TIG 焊,由于兼有正、负极性,为了增加电极端部的抗热能力,电极端部应磨削成半圆球形,这样可以有效地增加电弧的稳定性并提高电极的使用寿命。不同焊接电流的电极端部形状,如图 1-7-1 所示。

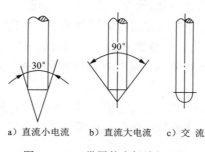

a）直流小电流　　b）直流大电流　　c）交　流

图 1-7-1　常用的电极端部形状

TIG焊时,电极端部的锥形夹角是一个不容忽视的工艺参数。一般在小电流焊接时,为了提高电弧热量的集中性,常采取较小的电极锥角即30°锥角。但在较大的焊接电流时,如果电极锥角过小,对焊接过程的稳定性不利。

在焊接不同材料时,钨极端部的形状要求是不同的。例如,端部球形适用焊接铝、镁及合金;端部圆台形适用焊接低碳钢、低合金钢;端部圆锥形适用焊接不锈钢。

(三)焊丝

钨极氩弧焊用焊丝为填充焊丝,一般用于打底焊道或焊接中厚板的填充焊道,增加熔敷金属提高焊接效率。应根据被焊金属的材质和对焊缝性能的要求来选用相应的填充焊丝。表1-7-3列出了碳钢和低合金钢手工钨极氩弧焊丝型号、规格以及特性和用途。

表 1-7-3 碳钢和低合金钢手工钨极氩弧焊丝型号、规格以及特性和用途

序 号	型 号	规 格/mm	特性和用途
1	TIG-J50(ER50-4)	1.0,1.2,1.6,1.8,2.0,2.5,3.2,4.0,5.0	用于各种位置的管子手工钨极氩弧焊打底及氩弧焊
2	TIG-R10(ER55-D2-Ti)	1.0,1.2,1.6,1.8,2.0,2.5,3.2,4.0,5.0	用于工作温度在510℃以下的锅炉蒸汽管道的手工钨极氩弧焊打底及氩弧焊
3	ITG-R30(ER552B2)	1.0,1.2,1.6,1.8,2.0,2.5,3.2,4.0,5.0	用于工作温度在520℃以下的锅炉蒸汽管道、高压容器的手工钨极氩弧焊打底及氩弧焊
4	TIG-R31(ER55B2MnV)	1.0,1.2,1.6,1.8,2.0,2.5,3.2,4.0,5.0	用于工作温度在540℃以下的锅炉蒸汽管道、石油裂化设备的手工钨极氩焊打底及全氩焊
5	TIG-R34	1.0,1.2,1.6,1.8,2.0,2.5,3.2,4.0,5.0	用于工作温度在620℃以下的2Cr2MoWVB(钢102)耐热钢结构
6	TIG-R40(ER62-B3)	1.0,1.2,1.6,1.8,2.0,2.5,3.2,4.0,5.0	用于工作温度在550℃以下的Cr2.5Mo类(如10CrMo910)耐热钢结构手工钨极氩弧焊打底及全氩焊
7	TIG-R71	1.0,1.2,1.6,1.8,2.0,2.5,3.2,4.0,5.0	用于焊接工作温度在600℃~650℃的Cr9MoNiV类耐热钢(如T91或F9),蒸汽管道和过热器管
8	ER50-6	1.0,1.2,1.6,1.8,2.0,2.5,3.2,4.0,5.0	用于碳钢及500MPa级高强钢结构焊接

五、焊工职业技能鉴定试题精选

(一)判断题

(1)焊接用的CO_2气体和氩气一样,在瓶中都是气态。　　　　　　　( )

(2)焊接过程中,焊芯只起传导电流的作用。　　　　　　　　　　( )

(3)焊接材料是指焊接时所消耗材料(包括焊条、焊丝、焊剂、气体等)的统称。( )

(4)焊接前,碱性焊条通常烘干温度是100℃~150℃。　　　　　　( )

(5)焊接过程中,在同样的铁锈和水分含量下,碱性焊条较酸性焊条容易产生气孔。

　　　　　　　　　　　　　　　　　　　　　　　　　　( )

(6)焊条烘焙的目的主要是为了减少焊接接头中的扩散氢含量。　　　( )

（7）H08Mn2SiA 焊丝中的"H"还表示焊接。　　　　　　　　　（　　）

（8）E4303 焊条属于碱性焊条，E5015 焊条属于酸性焊条。　　　（　　）

（9）选用低合金钢焊条，首先要遵守等强度原则，有的要考虑化学成分等因素。（　　）

（10）奥氏体不锈钢焊条，因焊芯电阻大，焊接时焊芯易热，致使药皮脱落，故焊条长度应加长一些。　　　　　　　　　　　　　　　　　　　　　　　（　　）

（二）单项选择题

（1）E4315、E5016 属于（　　）药皮类型的焊条。

  A. 钛钙型　　　　B. 钛铁矿型　　　　C. 低氢钠型　　　　D. 低氢钾型

（2）为了保证低合金刚焊缝与母材有相同的耐热、耐腐蚀等性能，应该选用（　　）相同的焊条。

  A. 抗拉强度　　　B. 屈服点　　　　C. 成分　　　　　D. 塑性

（3）在焊剂的型号中，第一个字母为（　　）表示焊剂。

  A. "E"　　　　　B. "F"　　　　　C. "SJ"　　　　　D. "HJ"

（4）在焊剂的牌号中，第一个字母为（　　）表示熔炼焊剂。

  A. "E"　　　　　B. "F"　　　　　C. "SJ"　　　　　D. "HJ"

（5）（　　）气体作为焊接的保护气时，电弧一旦被引燃燃烧很稳定，适合手工焊接。

  A. Ar　　　　　B. CO_2　　　　C. $CO_2 + O_2$　　　D. $Ar + CO_2$

（6）CO_2 气瓶的外表涂成（　　）。

  A. 白色　　　　　B. 银灰色　　　　C. 天蓝色　　　　D. 铝白色

（7）目前，我国建议尽量采用的一种理想的电极材料是（　　）。

  A. 纯钨极　　　　B. 钍钨极　　　　C. 铈钨极　　　　D. 锆钨极

（8）钨极氩弧焊时，（　　）电极端面形状的效果最好，是目前经常采用的。

  A. 锥形平端　　　B. 平状　　　　　C. 圆球状　　　　D. 锥形尖端

（9）E4303 是碳钢焊条型号完整的表示方法，其中第三位阿拉伯数字表示（　　）。

  A. 药皮类型　　　B. 电流种类　　　C. 焊接位置　　　D. 化学成分

（三）多项选择题

（1）焊条药皮是由（　　）组成物组成的。

  A. 稳弧剂　　　　　　　　B. 造渣剂　　　　　　　　C. 造气剂

  D. 脱氧剂　　　　　　　　E. 合金剂　　　　　　　　F. 黏结剂

（2）低合金钢焊条型号 E5515 - VWB 中，"VWB"表示溶敷金属中含有（　　）元素。

  A. 铁　　　　　　　　　　B. 碳　　　　　　　　　　C. 钒

  D. 锰　　　　　　　　　　E. 钨　　　　　　　　　　F. 硼

（3）不锈钢焊条型号中数字后面的字母"R"表示（　　）。

  A. 含碳量较低　　　　　　B. 含碳量较高

  C. 含硅量较低　　　　　　D. 含硫量较低

  E. 含磷量较低　　　　　　F. 含锰量较高

（4）埋弧焊用的熔炼焊剂主要特点是（　　）。

 A. 化学成分均匀 B. 化学成分不均匀 C. 防潮性好,但颗粒强度不高

 D. 便于重复使用 E. 重复使用率高   F. 防潮性好,颗粒强度高

（5）确定埋弧焊焊丝与焊剂的组合时,应根据（　　）等来选择。

 A. 焊件钢种   B. 焊件板厚   C. 接头形式

 D. 焊接设备   E. 施工工艺   F. 技术性能要求

（6）铈钨极与钍钨极相比,有（　　）特点。

 A. 电弧燃烧稳定、弧束较长,热量集中

 B. 燃损率比钍钨极低

 C. 电弧燃烧稳定、弧束较短、热量集中

 D. 最大许用电流比钍钨极高

 E. 使用寿命长、几乎没有放射性

 F. 使用寿命比钍钨极短、几乎没有放射性

（7）焊条药皮的主要作用有（　　）。

 A. 渣、气联合保护 B. 脱氧精炼   C. 传导电流

 D. 稳定电弧   E 添加合金   F. 改善焊接工艺

（8）酸性焊条的特点是（　　）。

 A. 电弧稳定性差 B. 脱渣性好   C. 对铁锈、油不敏感

 C. 抗气孔能力强 E. 抗热裂性能不好 F. 容易掌握施焊技术

（9）根据国家标准、碳钢焊条型号是以（　　）来划分的。

 A. 溶敷金属力学性能 B. 化学成分   C. 焊接位置

 D. 工作温度   E. 药皮类型和电流种类 F. 工艺等级

（10）E5015 焊条型号的意义是（　　）。

 A. 全位置焊接用焊条

 B. 溶敷金属抗拉强度最小值 50 MPa

 C. 低氢钠型药皮

 D. 直流正接

 E. 溶敷金属抗拉强度最小值 790 Mpa

 F. 直流反接

第八章　安全卫生和环境保护知识

焊工职业技能鉴定要求

（1）安全用电知识。

（2）焊接环境保护及安全操作规程。

（3）焊接劳动保护知识。

一、安全用电

电焊工在工作中有触电的危险，必须懂得安全用电常识。

（一）焊接作业用电特点

焊接过程中，空载电压越高，引弧越容易，但过高的空载电压对焊工安全不利。目前，我国焊条电弧焊电源的空载电压一般为 50～90 V；氩弧焊、CO_2 气体保护焊电源的空载电压为 65 V 左右；埋弧焊电源的空载电压一般为 70～90 V；等离子弧切割电源的空载电压高达 300～450 V，所有焊接电源的输入电压均为 220/380 V、50 Hz 的工频交流电，因此触电的危险性较大。

（二）焊接时造成触电的原因

焊接时发生触电事故一般分为以下两类：一类是直接触及电焊设备的带电体或靠近高压电网和电气设备所发生的电击，即直接电击；另一类是触及意外带电体发生电击，即间接电击。意外带电体是指正常不带电，而由于绝缘损坏或电器设备发生意外带电的导体，如焊机外壳漏电、电缆破损等。

（三）焊工安全用电注意事项

（1）电焊机外壳必须有接地或接零保护。电焊机焊接电缆必须使用多股细铜线电缆，电缆外皮应完好、柔软，其绝缘电阻不大于 1 MΩ。电焊机应保护清洁。

（2）焊工工作时应穿电焊工作服、绝缘鞋、戴电焊手套、防护面罩等安全防护用品。

（3）焊工在推拉电闸时，必须单手侧向操作。

（4）禁止在带电的情况下接地线、维修焊钳。

（5）焊钳应有可靠的绝缘，中断工作时焊钳要放在绝缘的地方，以防止焊钳与工件产生短路而烧毁焊机。

（6）在容器内焊接时，应采用 12 V 的照明灯，登高作业不准将电缆线缠在焊工身上或搭在背上，高处作业必须系好安全带。

（四）触电急救措施

（1）切断电源。当有人触电时，应迅速切断电源，再去抢救触电者。

（2）现场救护。触电者脱离电源后，应立即就地进行抢救，采取人工呼吸或胸外心脏按压，并立即拨打120，做好将触电者送往医院的准备。

二、电焊工安全操作规程

（1）工作前应认真检查工具、设备是否完好，焊机的外壳是否可靠地接地。焊机的修理应由电气保养人员进行，其他人员不得拆修。

（2）工作前应认真检查工作环境，确认为正常方可开始工作。施工前穿戴好劳动保护用品，戴好安全帽。高空作业要戴好安全带。敲焊渣、磨砂轮戴好平光眼镜。

（3）接拆电焊机电源线或电焊机发生故障，应会同电工一起进行修理，严防触电事故。

（4）接地线要牢靠安全，不准用脚手架、钢丝缆绳、机床等作接地线。

（5）在靠近易燃物的地方焊接，要有严格的防火措施，必要时须经安全员同意方可工作。焊接完毕应认真检查确无火源，才能离开工作场地。

（6）焊接密封容器、管子应先开好放气孔。修补已装过油的容器，应清洗干净，打开人孔盖或放气孔，才能进行焊接。

（7）在已使用过的罐体上进行焊接作业时，必须查明是否有易燃、易爆气体或物料，严禁在未查明之前动火焊接。焊钳、电焊线应经常检查、保养，发现有损坏应及时修好或更换。焊接过程发现短路现象应先关好焊机，再寻找短路原因，防止焊机烧坏。

（8）焊接吊码、加强脚手架和重要结构应有足够的强度，并敲去焊渣认真检查是否安全、可靠。

（9）在容器内焊接，应注意通风，把有害烟尘排出，以防中毒。在狭小容器内焊接应有两人，以防触电等事故。

（10）容器内油漆未干，有可燃体散发不准施焊。

（11）工作完毕，必须断掉龙头线接头，检查现场，灭绝火种，切断电源。

三、焊接劳动保护知识

（一）焊接过程中的有害因素

焊接过程中产生的有害因素是电弧光、金属粉尘、有毒气体、高频电磁场、噪声、射线、熔渣和飞溅金属等。

1. 电弧光

电弧光中有三种对人体有害的光线，包括强烈的可见光、红外线和紫外线。过强的可见光耀眼眩目；红外线会引起眼部强烈的灼伤和灼痛，发生闪光幻觉；紫外线对眼睛和皮肤有较大的刺激性，引起电光性眼炎。在各种明弧焊、保护不好的埋弧焊等都会形成弧光辐射。弧光辐射的强度与焊接方法、工艺参数及保护方法等有关：CO_2焊弧光辐射的强度是焊条电弧焊的2～3倍，氩弧焊是焊条电弧焊的5～10倍，而等离子弧焊割比氩弧焊更强烈。为了防护弧光辐射，必须根据焊接电流来选择面罩中的护目镜片，护目镜片的选用见表1-8-1。

表 1-8-1 护目镜片的选用

焊接、切割方法	镜片遮光号			
	焊接电流/A			
	≤30	30～75	75～200	200～400
电弧焊	5～6	7～8	8～10	11～12
碳弧气刨			10～11	12～14
焊接辅助工	3～4			

2. 金属粉尘

焊接金属粉尘的成分很复杂,焊接黑色金属材料时烟尘的主要成分是铁、硅、锰。焊接其他金属材料时,烟尘中尚有铝、氧化锌、钼等;其中,主要有毒物是锰,使用碱性低氢型焊条时烟尘中含有极毒的可溶性氟。焊工长期呼吸这些烟尘,会引起头痛、恶心,甚至引起焊工尘肺及锰中毒等。

3. 有毒气体

在各种熔焊过程中,焊接区都会产生或多或少的有毒气体。特别是电弧焊中在焊接电弧的高温和强烈的紫外线作用下,产生有害气体的程度尤甚。所产生的有害气体主要有臭氧、氮氧化物、一氧化碳和氟化氢等。这些有毒气体被吸入体内,会引起中毒,影响焊工健康。排出烟尘和有害气体的有效措施是加强通风和加强个人防护,如带防尘口罩、防毒面罩等。

4. 高频电磁场

当交流电的频率达到每秒振荡 10 万～30 000 万次时,它的周围形成高频率的电场和磁场称为高频电磁场。等离子弧焊割、钨极氩弧焊采用高频振荡器引弧时,会形成高频电磁场。焊工长期接触高频电磁场,会引起神经功能紊乱和神经衰弱。防止高频电磁场的常用方法是将焊枪电缆和地线用金属编织线屏蔽。

5. 噪声

在焊接过程中,噪声危害突出的焊接方法是等离子弧割、等离子喷涂以及碳弧气刨,其噪声声强达 120～130 dB 以上,强烈的噪声可以引起听觉障碍、耳聋等症状。防噪声的常用方法是带耳塞和耳罩。

6. 射线

射线主要是指等离子弧焊割、钨极氩弧焊的钍产生放射线和电子束焊对的 X 射线。焊接过程中放射线影响不严重,钍钨极一般被铈钨极取代,电子束焊的 X 射线防护主要以屏蔽以减少泄漏。

(二)焊接劳动保护

焊接劳动保护是指为保障焊工在焊接生产过程中的安全和健康所采取的措施。焊接劳动保护应贯穿于整个焊接过程中。加强焊接劳动保护的措施主要应从两方面来控制:一是从采用和研究安全卫生性能好的焊接技术及提高焊接机械化、自动化程度方面着手;二是加强焊工的个人防护。

焊工常用防护用品有工作服、绝缘鞋、焊工手套、防尘口罩、面罩。

（1）工作服。焊工常用的工作服是棉白帆布工作服。白色对弧光有反射作用,棉帆布隔热、耐磨、不易燃烧,可防止烧伤。

（2）焊工绝缘鞋。焊工绝缘鞋应具有绝缘、隔热、不易燃、耐磨损和防滑等性能。

（3）焊工手套。焊工手套一般用棉帆布和皮革两种材料制成,具有绝缘、抗辐射、隔热、耐磨、阻燃等作用。破损的手套应及时修补或更换。

（4）防尘口罩。防尘口罩可过滤或隔离烟尘和有毒气体。

（5）防护面罩。防护面罩是避免焊接熔融金属飞溅物对人体面部及颈部灼伤,同时通过护目镜片保护焊工的眼、面部避免弧光辐射伤害的一种个人防护用品。最常用的有手持式面罩和头戴式面罩等。

四、焊工职业技能鉴定试题精选

（一）判断题

（1）焊工尘肺是指焊工长期吸入超过规定浓度的烟尘或粉尘所引起的肺组织纤维化病症。   （   ）

（2）焊工应穿深色的工作服,因为深色不容易吸收弧光。   （   ）

（3）焊工的工作服是由合成纤维织物制成的。   （   ）

（4）焊工推拉刀开关时,要面对开关以便看清闭合、切断刀开关的情况。 （   ）

（5）焊工在更换焊条时可以赤手操作。   （   ）

（6）焊工在工作岗位上,为了工作方便,工作服的上衣应紧系在工作裤里边。（   ）

（7）焊工在易燃易爆场合下焊接时,鞋底下应有鞋钉,以防在工作中滑倒。（   ）

（8）焊接时,弧光中的红外线对焊工会造成电光性眼炎。   （   ）

（9）焊接过程中,电焊烟气中的氮氧化物主要是二氧化碳和一氧化碳。   （   ）

（10）焊机的地线,可以接在车间的水管上。   （   ）

（二）选择题

（1）绝大部分触电死亡事故是由于（   ）造成的。

    A. 电击   B. 电伤   C. 电磁场生理伤害   D. 电弧

（2）感知电流是指能使人感觉到的最小电流,对于工频交流电为（   ）。

    A. 0.1 mA   B. 0.5 mA   C. 1 mA   D. 5 mA

（3）焊条电弧焊焊接电流为 $60 \sim 160$ A 时,推荐使用（   ）号遮光片。

    A. 5   B. 7   C. 10   D. 15

（4）焊割场地周围（   ）范围内,各类可燃易爆物品应清理干净。

    A. 3 m   B. 5 m   C. 10 m   D. 15 m

（5）弧焊电源的一次电源线长度为（   ）m。

    A. 1～3   B. 2～4   C. 2～3   D. 3～4

（6）弧焊电源外壳的接地线固定螺栓直径不得小于（   ）。

    A. M6   B. M8   C. M5   D. M4

（7）乙炔瓶的设计压力为（　　　）Mpa。

    A. 1　　　　　　　B. 2　　　　　　　C. 3　　　　　　　　　D. 4

（8）用额定焊接电流在额定负载持续率情况下焊接,电焊钳手柄表面的温升不允许超过

（　　　）。

    A. 60 ℃　　　　　B. 50 ℃　　　　　C. 40 ℃　　　　　　　D. 30 ℃

（9）能使人感觉到的最小电流称为感知电流,直流电约为（　　　）mA。

    A. 3　　　　　　　B. 4　　　　　　　C. 5　　　　　　　　　D. 6

（10）焊条电弧焊时,弧焊电源的空载电压一般不大于（　　　）V。

    A. 60　　　　　　B. 70　　　　　　C. 80　　　　　　　　D. 90

习题答案

一、职业道德

（一）判断题

(1)√　(2)√　(3)√　(4)√　(5)√

（二）选择题

(1)ABCD　(2)ABCDE　(3)ABCDE

二、识图知识

（一）填空题

(1)焊缝形式　焊缝尺寸　焊接方法
(2)基本符号　指引线
(3)箭头线　两条基准线(一条为实线、一条为虚线)
(4)焊缝宽度　焊缝厚度　熔深　余高

（二）选择题

(1)D　(2)B　(3)C　(4)B　(5)A　(6)C　(7)D　(8)A

（三）识图题

(1)表示焊缝凹陷。
(2)表示先用等离弧焊打底,后用埋弧焊盖面的 V 形焊缝,焊缝在箭头侧。
(3)表示焊缝表面平齐。

三、金属学及热处理

（一）填空题

(1)体心立方　面心立方　体心立方
(2)固溶体　金属化合物　机械混合物
(3)奥氏体　空气
(4)马氏体　硬度　强度

（二）选择题

(1)D　(2)A　(3)B　(4)A　(5)B　(6)D　(7)C　(8)D　(9)C　(10)D

（三）判断题

（1）×　（2）×　（3）×　（4）√　（5）×　（6）×　（7）√　（8）×　（9）×　（10）√

四、常用金属材料知识

（一）填空题

（1）力学性能　物理性能　化学性能　工艺性能
（2）低碳钢　中碳钢　高碳钢
（3）沸腾钢　镇静钢　半镇静钢　特殊镇静钢
（4）沸腾　锅炉用　压力容器用　桥梁用

（二）选择题

（1）C　（2）A　（3）B　（4）D　（5）B　（6）A
（7）A　（8）D　（9）A　（10）C　（11）C　（12）A

（三）名词解释

（1）Q235-A·F——表示 $\sigma s \geqslant 235$ MPa，质量等级为 A 级，脱氧方法为沸腾钢的碳素结构钢。

（2）16MnR——表示平均含碳量为 0.16%，有较高含锰量的压力容器用钢。

（3）60Si2CrA——表示含碳量为 0.6%，含 Si 量约 2%，含 Cr 量<1.5%，含 S、P 少的合金弹簧钢。

五、常用金属材料焊接知识

（一）填空题

（1）适应　优质焊接接头　使用性能　接合性能
（2）材料因素　工艺因素　结构因素　使用环境
（3）碳　合金元素　碳　淬硬
（4）熔点低　导热性好　热膨胀系数大　易氧化　高温强度低

（二）选择题

（1）B　（2）A　（3）A　（4）C　（5）D

（三）计算题

（1）解：采用碳当量计算公式：

$$\omega_{CE} = \omega_C + \omega_{Mn}/6 + (\omega_{Ni} + \omega_{Cu})/15 + (\omega_{Cr} + \omega_{Mo} + \omega_V)/5$$
$$= 0.18 + 1.66/6 = 0.46\%$$

答：其碳当量为 0.46%。

（2）解：采用碳当量计算公式：

$$\omega_{CE} = \omega_C + \omega_{Mn}/6 + (\omega_{Ni} + \omega_{Cu})/15 + (\omega_{Cr} + \omega_{Mo} + \omega_V)/5$$
$$= (0.23 + 1.65/6 + 0.65/5) \times 100\% = 0.635\%$$

答:该钢材碳当量为 0.635%。

六、电工基本知识

（一）判断题

（1）× （2）√ （3）× （4）√ （5）× （6）√ （7）√ （8）× （9）× （10）×

（二）单项选择题

（1）A （2）A （3）D （4）C （5）B （6）B （7）A

七、常用焊接材料

（一）判断题

（1）× （2）× （3）√ （4）× （5）√ （6）√ （7）× （8）× （9）√ （10）×

（二）单项选择题

（1）C （2）C （3）B （4）D （5）A （6）D （7）C （8）A （9）C

（三）多项选择题

（1）ABCDEF （2）CEF （3）CDE （4）ADF （5）ABCDEF
（6）ABDE （7）ABDEF （8）CDEF （9）ACE （10）ACEF

八、安全卫生和环境保护知识

（一）判断题

（1）√ （2）× （3）× （4）× （5）× （6）× （7）× （8）× （9）× （10）×

（二）选择题

（1）A （2）C （3）C （4）C （5）C （6）B （7）C （8）B （9）C （10）D

下篇　技能训练

项目一 驾驶室台面焊接加工

一、项目描述

图 2-1-1 玉米联合收割机

玉米联合收割机可一次完成摘穗、剥除苞叶、果穗搜集装车、秸秆粉碎还田的全过程,具有摘穗快、节省动力、损失少、效率高的特点。

近年来,随着国家购机补贴政策的不断深化和大力扶持,玉米收获机械化作业程度不断提高,玉米联合收割机的销售量大幅上升。作为我校的实习基地东风公司玉米联合收割机的生产规模不断扩大,玉米联合收割机的配件也成为该公司的主流产品。

为了响应国家的教育方针,学校在教学过程中服务于当地经济发展,积极推进工学结合、校企合作,让学生做到学以致用,满足就业需求,因而我们挑选了具有典型工作任务的 50C2 玉米联合收割机驾驶室台面焊接加工作为一个项目进行教学。

二、项目分析

驾驶室台面是 50C2 玉米联合收割机中的重要部件,位于驾驶室下方,便于驾驶安装,同时起到定位、加固、支撑联合收割机其他部件的作用。驾驶室台面由 20 种单件焊合,单件都是由厚度分别为 1.5 mm,2 mm,3 mm,4 mm,8 mm 的钢板冲压而成,材料为 Q235 普通碳素结构钢,焊接性能良好,焊接前后都不需要特殊焊接工艺和热处理加以保证。该部件总长为 2 320 mm,总宽度为 940 mm,总厚度 243 mm,属于中小型部件,一般的加工场地和加工设备都能满足生产制造要求。

该部件大部分都是角焊缝,需要平角焊和立角焊,有几处需要平对接和立对接,焊接方法采用 CO_2 气体保护焊就能满足焊接要求。从技术要求上看,焊缝等级为 II 级(GB／T3323－2005),焊接只要牢固可靠,无虚焊、漏焊等缺陷,焊后去渣,校正变形,就能满足技术要求。

从驾驶室台面图纸可以看出,该项目单件加工完成后,最后的装配完全由 CO_2 气体保护焊焊接而成。焊缝的位置和形式主要采用 T 形接头横角焊和立角焊,薄板平对接焊和立对接焊。这四种焊缝位置形式不但是在生产中应用最多的焊缝位置形式,也是我们在教学过程中严格训练的焊缝位置形式,是教学的重点内容。所以,我们把该部件作为典型项目进行教学,具有很好的代表性,能够使学生比较全面地掌握 CO_2 气体保护焊焊接技能,并且起到工学结合作用,为学生顶岗实习做好准备。

该部件从单件制备、组对、整形到最后的焊合,整个生产过程非常适合学生实训练习,焊接工艺不太复杂,学生经过实训后,无论从理论水平还是技能水平都能满足要求,使教学过程能够密切联系生产实际,突出应用性和实践性。

三、学习目标

(一)知识目标

(1)能够看懂焊接图样,掌握焊接符号的所表示的意义。
(2)对材料的类别和焊接性能有一个大概的了解。
(3)掌握焊接工艺设计方面的知识。

(二)技能目标

(1)掌握 CO_2 气体保护焊有关理论知识。
(2)学会选择和调整焊接参数。
(3)对各种接头形式和焊缝位置进行 CO_2 气体保护焊的焊接技能水平达到较高的要求。

四、技能训练

任务 1　CO_2 气体保护焊——焊接参数选择及调整

【学习任务】

进行平敷焊练习,学会选择及调整焊接参数,减小飞溅,焊出美观的焊道。

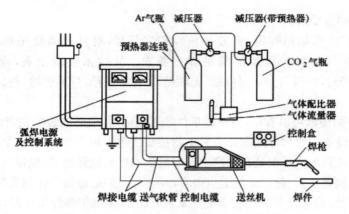

图 2-1-2　NBC—350 电焊机及其附属设备

【任务分析】

本任务要求学员首先了解 NBC—350 电焊机及其附属设备的组成及结构特点,能够正确地连接及调试设备。在此基础上,掌握各种焊接材料的特点及性能,能够合理选择焊接参数,进行平敷焊练习,焊出高质量的焊道,正确处理焊接接头和收尾。

【任务处理】

一、相关知识

(一)CO_2 气体保护焊焊接材料

CO_2 气体保护焊所用的焊接材料,主要是指 CO_2 气体和焊丝。

1.CO_2 气体

CO_2 是略有气味的无色气体,可溶于水(其水溶液稍有酸味),其密度为空气的 1.5 倍,沸点为 $-78℃$,因而安装在气瓶出口的压力表上带有加热器,以防止温度过低。焊接用的 CO_2 气体一般是将其压缩成液体储存于钢瓶内。CO_2 气瓶的容量为 40 L,可装 25 kg 的液态 CO_2,满瓶压力为 5 M～7 MPa。气瓶外表涂铝白色,并标有黑色"液化二氧化碳"字样。

25 kg 液态 CO_2 约占钢瓶容积的 80%,其余 20% 左右的空间则充满了汽化的 CO_2。CO_2 气瓶要防止烈日暴晒或靠近热源,以免发生爆炸。只有当液态 CO_2 全部汽化后,瓶内 CO_2 气体的压力才随 CO_2 气体的消耗而逐渐下降,所以不能根据压力表的数值判断气瓶中 CO_2 的剩余量。溶于液态 CO_2 中的水分易蒸发成水汽混入 CO_2 气体中。随着二氧化碳气体中水分的增加,焊缝金属中的扩散氢含量也增加,焊缝金属的致密性、塑性变差,容易出现气孔,还可能产生冷裂纹。因此,焊接用的 CO_2 气体应该有较高的纯度,一般技术标准规定是:$O_2 < 0.1\%$;$H_2O < 1～2\ g/m^3$;$CO_2 > 99.5\%$。

为提高输出的 CO_2 气体纯度。常用措施如下。

(1)鉴于在温度高于 $-11℃$ 时,液态 CO_2 比水轻,所以可把灌气后的气瓶倒立静置 1～2 h,以使瓶内处于自由状态的水分沉积于瓶口处,然后打开瓶口气阀,放水 2～3 次即可,每次放水间隔 30 min 左右。放水结束后,仍将气瓶放正。经放水处理后的气瓶,在使用前先放气

$2 \sim 3$ min,放掉瓶内上部纯度低的气体,然后再接输气管。

（2）在焊接气路系统中设置高压干燥器和低压干燥器,以进一步减少 CO_2 气体中的水分。干燥剂常选用硅胶或脱水硫酸铜,吸水后它们的颜色会发生变化,但经过加热烘干后又可重复使用。

为提高低合金高强度结构钢的焊接质量,常在氩气中加入一定比例的二氧化碳气体,制成混合气体。利用混合气体保护进行焊接,成形好、飞溅少、表面光滑。

2. 焊丝

CO_2 焊丝可以分为实心焊丝和药芯焊丝。

（1）CO_2 气体保护焊常用实心焊丝型号及规格:

根据 GB/T8110—2008《气体保护电弧焊用碳钢、低合金钢焊丝》规定,焊丝型号由三部分组成。ER 表示焊丝,ER 后面的两位数字表示熔敷金属的最低抗拉强度,短划"—"后面的字母或数字表示焊丝化学成分分类代号,若还附加其他化学成分时直接用元素符号表示,并以短划"—"与前面数字分开。

例如,ER49—1

　　　　ER——表示焊丝;

　　　　49——表示熔敷金属抗拉强度最低值为 490 MPa;

　　　　1——表示焊丝化学成分分类代号。

目前常用的 CO_2 气体保护焊焊丝有 ER49-1 和 ER50-6 等。ER49-1 对应的牌号为 H08Mn2SiA,ER50-6 对应的牌号为 H11Mn2SiA。对于低碳钢及低合金高强钢常用以上两种型号的焊丝就能满足要求,它们有较好的工艺性能和力学性能以及抗热裂纹能力。

（2）CO_2 气体保护焊的药芯焊丝:

药芯焊丝是用薄钢带卷成圆形管或异形管,在其管中填入一定成分的药粉,经过拉制而成的焊丝。通过调整药粉的成分和比例,可获得不同性能、不同用途的焊丝。

药芯焊丝中药粉的主要作用:

① 保护熔化金属免受空气中氧和氮的污染,提高焊缝金属的致密性。

② 保持电弧稳定燃烧,减少飞溅,使接头区域平滑、整洁。

③ 熔渣与液态金属发生冶金反应,消除熔化金属中的杂质,熔渣壳对焊缝有机械性的保护作用。

④ 调整焊缝金属的化学成分,使焊缝金属具有不同的力学性能、冶金性能和耐蚀性能。

使用药芯焊丝,对操作技能要求低,焊缝质量易于得到保证,但成本较高。

（二）焊接参数选择

焊接工艺参数是整个焊接方案中的核心部分,焊接工艺参数选择的正确与否直接影响到焊接质量。CO_2 气体保护焊的主要焊接参数有焊丝直径、焊接电流、电弧电压、焊接速度、焊丝干伸长度、气体流量、电源极性、回路电感等。选择焊接参数时应按焊丝的粗细及自动与半自动焊的不同形式而确定,同时要根据焊件厚度、接头形式及空间位置等来选择。

1. 焊丝直径

焊丝直径应根据焊件厚度、焊接空间位置及生产率的要求来选择,同时还应兼顾熔滴过渡的形式以及焊接过程的稳定性。一般细焊丝用于焊接薄板,随着焊件厚度的增加焊丝直径要求增加。焊丝直径越大,允许的焊接电流越大。焊接电流相同时,焊缝熔深将随焊丝直径的增加而减小,随直径的减小而增加。在相同的送丝速度下,随着焊丝直径的增加,焊接电流也应增加。焊丝直径的选择也影响焊丝的熔化速度,熔化速度随直径的减小而增加。

更换焊丝要改变焊丝选择按钮。

当焊接薄板或中厚板的立、横、仰焊时,多采用直径 1.6 mm 以下的焊丝;在平焊位置焊接中厚板时,可以采用直径 1.6 mm 以上的焊丝。焊丝直径的选择见表 2-1-1。

表 2-1-1　焊丝直径的选择

焊丝直径/mm	熔滴过渡形式	焊件厚度/mm	焊缝位置
0.5～0.8	短路过渡	1.0～2.5	全位置
	滴状过渡	2.5～4	水平位置
1.0～1.2	短路过渡	2～8	全位置
	滴状过渡	2～12	水平位置
1.6	短路过渡	3～12	水平、立、横、仰
≥1.6	滴状过渡	>6	水平

CO_2 气体保护焊所用的焊丝直径在 0.5～5 mm 范围内,半自动 CO_2 气体保护焊常用的焊丝有 $\Phi 0.8$ mm、$\Phi 1.0$ mm、$\Phi 1.2$ mm、$\Phi 1.6$ mm 等几种;自动 CO_2 气体保护焊除上述细焊丝外大多采用 $\Phi 2.0$ mm、$\Phi 2.5$ mm、$\Phi 3.0$ mm、$\Phi 4.0$ mm、$\Phi 5.0$ mm 的粗焊丝。

2. 焊接电流

焊接电流的大小与送丝速度有关。焊接电流越大,送丝速度越快。合理选择焊接电流,实际上就是取得调控送丝速度与熔化速度的平衡结果。

焊接电流的大小应根据焊件厚度、焊丝直径、焊接位置及熔滴过渡形式来确定。随着焊接电流增加,熔敷速度和熔深都会增加,熔宽也略有增加。焊丝直径与焊接电流的关系见表 2-1-2。

表 2-1-2　焊丝直径与焊接电流的关系

焊丝直径/mm	焊接电流/A	
	颗粒过渡	短路过渡
0.8	150～250	60～160
1.2	200～300	100～175
1.6	350～500	100～180
2.4	500～750	150～200

焊接电流过大时,焊丝插向工件,焊道窄而高,飞溅加大,我们会听到"嘭嘭"爆裂声;同时熔深变大,容易造成烧穿、焊漏和裂纹等缺陷,且工件变形大。

而焊接电流过小时弧长变长,飞溅颗粒变大,我们会听到"啪嗒啪嗒"的间断声同时焊道变平,熔深变浅,易产生气孔,且焊缝成形不良。

焊接电流调节适当,我们会听到"嗞嗞"的声音,且焊接平稳,飞溅小,焊缝成形美观。

3. 电弧电压

电弧电压:提供焊丝熔化能量,电弧电压越高,焊丝熔化速度越快。

电弧电压必须与焊接电流配合恰当,否则会影响到焊缝成形及焊接过程的稳定性。通常焊接电流小,电弧电压低,焊接电流大,电弧电压高。

当焊接电流 ≤ 300 A 时,$U = 0.04I + 16V \pm 1.5V$;

当焊接电流 > 300 A 时,$U = 0.04I + 20V \pm 2V$。

电弧电压高,熔深浅、熔宽宽;电弧电压低,熔深深、熔宽窄。电弧电压偏高,焊缝平坦,余高小,熔深浅,T 型接头根部容易产生未熔合;电弧电压适中,焊缝余高、熔深适宜;电弧电压偏低,焊缝窄,余高大,熔深大。

电弧电压应随着焊接电流的增加而增大。一般焊接时,电弧电压在 16～24 V 范围内。对于直径为 1.2～3.0 mm 的焊丝,电弧电压可在 25～36 V 范围内选择。

4. 焊接速度

在一定的焊丝直径、焊接电流和电弧电压条件下,随着焊速的增加,焊缝宽度与焊缝厚度减小。焊速过快,不仅气体保护效果变差,可能出现气孔,而且还易产生咬边及未熔合等缺陷;但焊速过慢,则焊接生产率降低,焊接变形增大。

5. 焊丝干伸长度

焊丝干伸长度是指焊丝从导电嘴到电弧端点的那段焊丝长度。焊丝伸出长度取决于焊丝直径,一般约等于焊丝直径的 10 倍,且不超过 15 mm。伸出长度过大,焊丝会成段熔断,飞溅严重,气体保护效果差;伸出长度过小,不仅易造成飞溅物堵塞喷嘴,影响保护效果,也影响焊工视线。

6. CO_2 气体流量

CO_2 气体流量应根据焊接电流、焊接速度、焊丝伸出长度及喷嘴直径等选择,过大或过小的气体流量都会影响气体保护效果。通常细丝(≤1.6 mm)CO_2 气体保护焊时,CO_2 气体流量为 8～15 L/min;粗丝(>1.6 mm)CO_2 气体保护焊时,CO_2 气体流量在 15～25 L/min。

为了保证 CO_2 保护气体具有足够的挺度,当焊接电流增大、焊接速度加快、焊丝伸出长度较长以及在户外焊接时气体流量必须加大。

7. 电源极性与回路电感

为了减少飞溅,保证焊接电弧的稳定性,CO_2 气体保护焊应选用直流反接。焊接回路的电感值应根据焊丝直径和电弧电压来选择,电感值是否合适,可通过试焊的方法来确定。若焊接过程稳定,飞溅很少,说明此电感值是合适的。不同直径焊丝的合适电感值见表 2-1-3。

表 2-1-3　不同直径焊丝的合适电感值

焊丝直径/mm	焊接电流/A	电弧电压/V	电感值/mH
0.8	100	18	0.01～0.08
1.2	130	19	0.10～0.16
1.6	150	20	0.30～0.70

8. 焊枪的倾角

当焊枪倾角小于 10° 时，不论是前倾不是后倾（焊枪倾斜方向与焊接方向相同，称为前倾，反之称为后倾），对焊接过程及焊缝成形都没有明显影响。当焊枪与焊件成后倾角过大时，焊缝窄，余高、熔深较大；当焊枪与焊件成前倾角过大时，焊缝宽，余高小，熔深较浅。在能够观察到熔池和便于操作的情况下，一般尽量要求焊枪竖直一些。

二、操作步骤

（1）教师演示焊接参数如何选择，如何进行实际调节。

（2）进行平敷焊基本操作，结合实际情况说明各种焊接参数对焊接的影响。

（3）练习焊接参数的选择及调节。

（4）进行平敷焊练习，并能够合理选择调节各种焊接参数。

【评价标准】

表 2-1-4　平敷焊检查项目及评分标准

序　号	检查项目		配　分	标　准	自评分	互评分	小组评分	总　分
1	焊前准备	劳动保护准备	2	个人及工作环境防护齐备				
2		焊机正确连接	8	正确安装焊丝、检查电路和连接气路				
3	操作技术	运丝方法	5	直线、锯齿、月牙运丝正确				
4		接头	5	要求不脱节，不凸高				
5		收尾	5	不形成弧坑				
6	外观检查	焊道过高	5	不高过 3 mm				
7		焊道过窄	5	不小于 6 mm				
8		穿丝	5	无				
9		气孔	5	无				
10		电弧擦伤	5	无				
11	参数选择	电压选择	8	飞溅小，焊接平稳				
12		电流选择	8	飞溅小，声音平稳				
13		干伸长度	8	不大于 15 mm				
14		焊接速度	8	速度均匀，30～60 cm/min				
15		气体流量	8	12 L/min				
16	焊后自查	合理节约焊材	4	不浪费焊丝，及时关闭气瓶				
17		安全文明生产	6	服从管理，安全操作				
总　分			100					

任务 2 CO₂ 气体保护焊——T 形接头平角焊

【学习任务】

如图 2-1-3 所示,利用 CO₂ 气体保护焊,对厚度为 3 mm 的 Q235 钢板进行 T 形接头平角焊。

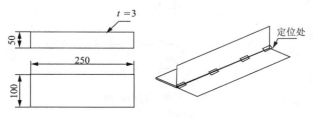

图 2-1-3 T 形接头平角焊试件图

【任务分析】

T 形接头平角焊是生产中使用最普遍的接头形式之一,是较易施焊的一种焊接位置。焊接过程中关键要运用正确的运丝方法,掌握焊枪指向位置、焊枪角度,以防止产生咬边和焊瘤。

【任务处理】

一、焊前准备

(一)试板

如图 2-1-3 所示,试板材料为 Q235 钢,尺寸为 250 mm×100 mm×3 mm 和 250 mm×50 mm×3 mm,每组两块。

(二)焊材

焊丝型号为 ER49-1(牌号为 H08Mn2SiA),直径 1.0 mm。瓶装 CO₂ 气体,气体纯度 99.5% 以上。

(三)焊接设备

NBC—350 电焊机及其附属设备。

(四)辅助工具

电焊防护面罩、锉刀、敲渣锤、钢丝刷、角向磨光机等。

二、操作步骤

(一)焊前清理

为了防止焊接过程中出现气孔等缺陷,必须重视试件焊前的清理工作。装配前打磨试件待焊区,清除铁锈、氧化皮等污物,使等焊区露出金属光泽。如图2-1-4所示,标注了尺寸的区域都需要清理。

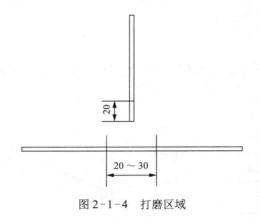

图2-1-4　打磨区域

(二)装配定位焊

将试件装配成90°的T形接头,不留间隙,在焊角的一侧定位。焊丝对准试件左侧根部,引弧点焊,焊点长度≤10 mm,然后调整间隙,击打试件右侧,使立板与平板紧密接触,再点固右侧。两端定位完毕后,由于试件厚度较薄,需要再在中间均匀定位两处,定位长度≤10 mm。

(三)焊接工艺参数

表2-1-5　焊接工艺参数

	焊丝直径/mm	干伸长度/mm	焊接电流/A	电弧电压/V	焊接速度/(m/min)	气体流量/(L/min)
直线运丝	1	10～15	100	24	4～4.5	12
椭圆运丝	1	10～15	70	18	4～4.5	10

(四)操作要领

1.焊接方法一

直线运丝法(焊角尺寸≤5 mm时,采用这种焊接方法)。

这种焊接方法采用的焊接电压和焊接电流要大一些,焊接效率高。焊接时自右向左,直线运丝,不摆动。焊枪指向位置及焊枪角度如图2-1-5所示。焊枪上下角度35°～40°,左右角度在能观察到电弧的情况下,应尽量小些,基本上保持垂直,以利于气体的保护。焊接时电流和电压要调高一些,电弧在角焊缝偏下一点燃烧,同时观察形成的焊道,上下对称。

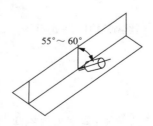

图2-1-5　焊枪角度

2. 焊接方法二

椭圆运丝法（5 mm ≤ 焊角尺寸 ≤ 10 mm，采用这种焊接方法）。

这种焊接方法成形美观，焊接时自右向左，采用椭圆运丝法（斜圆圈）。焊枪指向位置及焊枪角度如方法一。焊接时要求运枪平稳，速度均匀，可双手持枪。焊道焊角高度为 6 ～ 7 mm，焊道余高不易太大。在向前焊接的同时，注意观察处于半凝固状态的焊道，使上下焊角关于中心焊缝对称。

（五）焊后清理

焊接完成后，先关闭气瓶，等焊枪内无余气后再关闭电源。清理打磨好工件，收拾好所用工具。

【评价标准】

表 2-1-6 T 形接头平角焊检查项目及评分标准

序 号	检查项目		配 分	标 准	自评分	小组评分	教师评分	总 分
1	焊前准备	劳动保护准备	2	个人及工作环境防护齐备				
2		试板外表清理	4	干净				
4		定位焊	6	四处，≤10 mm，牢固				
5	外观检查	气孔	6	无				
6		插丝	6	无				
7		咬边	6	≤0.5 mm				
8		弧坑	6	填满				
9		焊瘤	6	无				
10		接头	6	无				
11		裂纹	6	无				
12		未熔合	6	无				
13		上焊角尺寸差	6	≤2 mm				
14		下焊角尺寸差	6	≤2 mm				
15		试件变形	6	≤1°				
16		焊缝正面凹凸差	6	≤1 mm				
17	焊后自查	焊后清理	4	干净				
18		合理节约焊材	4	不浪费焊丝，及时关闭气瓶				
19		安全文明生产	6	服从管理，安全操作				
总 分			100	总成绩				

任务3 CO_2 气体保护焊——T形接头立角焊

【学习任务】

如图2-1-6所示,利用 CO_2 气体保护焊,对厚度3 mm的Q235钢板进行T形接头立角焊。

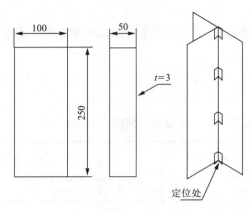

图2-1-6 T形接头立角焊试件图

【任务分析】

T形接头立平角焊也是生产中使用较多的接头形式之一,比较容易掌握。焊接过程中的主要困难在于熔池稍有下坠,应采用较小的焊接电流并快速焊接,以控制焊接热输入和增大冷却速度,以利于焊缝成形。焊接时,要避免出现焊缝中间高、两边低的现象,关键要采用正确的运丝方法,注意焊枪角度。

【任务处理】

一、焊前准备

(一)试板

如图2-1-6所示,试板材料为Q235钢,尺寸为250 mm×100 mm×3 mm和250 mm×50 mm×3 mm,每组两块。

(二)焊材

焊丝型号为ER49-1(牌号为H08Mn2SiA),直径1.0 mm。瓶装 CO_2 气体,气体纯度99.5%以上。

(三)焊接设备

NBC-350电焊机及其附属设备,采用反接法。

（四）辅助工具

电焊防护面罩、锉刀、敲渣锤、钢丝刷、角向磨光机等。

二、操作步骤

（一）焊前清理

焊前清理同平角焊。

（二）装配定位焊

装配定位与平角焊相同。

（三）选择工艺参数（见表2-1-7）

表2-1-7　工艺参数

焊丝直径/mm	干伸长度/mm	焊接电流/A	电弧电压/V	焊接速度/（m/min）	气体流量/（L/min）
1	10～15	80	19	4～4.5	10

（四）操作要领

1. 焊接方法一

三角形运丝法，如图2-1-7所示。

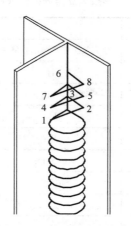

图2-1-7　三角形运丝法

三角形运丝法可保证顶角处获得较大的熔深。操作时先在最下方根部处引弧，形成黄豆大的熔池后摆动电弧，幅度不要太大，第一次摆动为锯齿形，达到一定宽度后，由一侧斜向上，向前运动到焊道根部，稍停，再运动到焊道另一侧的根部。如此反复，由下向上焊接，焊缝焊脚约为6 mm。如果运丝方法和焊枪角度指向正确，速度均匀，可获得美观的双鱼鳞形花纹。

2. 焊接方法二

反月牙形运丝法，如图2-1-8所示。

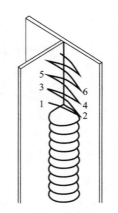

图 2 - 1 - 8　反月牙形运丝法

这种焊接方法操作容易,焊接时在焊道中心快速移动,而在两侧稍作停留,以防止咬边,但注意不能采用向下弯曲的月牙形摆动,否则易引起液态金属下淌和产生咬边。

（五）焊后清理

同平角焊。

【评价标准】

表 2 - 1 - 8　T 形接头立角焊检查项目及评分标准

序　号	检查项目		配　分	标　准	自评分	小组评分	教师评分	总　分
1	焊前准备	劳动保护准备	2	个人及工作环境防护齐备				
2		试板外表清理	4	干净				
4		定位焊	6	四处,≤10 mm				
5	外观检查	气孔	6	无				
6		插丝	6	无				
7		咬边	6	≤0.5 mm				
8		弧坑	6	填满				
9		焊瘤	6	无				
10		接头	6	无				
11		裂纹	6	无				
12		未熔合	6	无				
13		焊角尺寸差	6	≤2 mm				
14		焊缝高度	6	≤2 mm				
15		试件变形	6	≤1°				
16		焊缝正面凹凸差	6	≤1 mm				

序 号	检查项目		配 分	标 准	自评分	小组评分	教师评分	总 分
17	焊后 自查	焊后清理	4	干净				
18		合理节约焊材	4	不浪费焊丝,及时关闭气瓶				
19		安全文明生产	6	服从管理,安全操作				
总 分			100					

任务 4 CO$_2$ 气体保护焊——薄板立对接焊

【学习任务】

如图 2-1-9 所示,利用 CO$_2$ 气体保护焊,对厚度为 3 mm 的 Q235 钢板进行立对接焊。

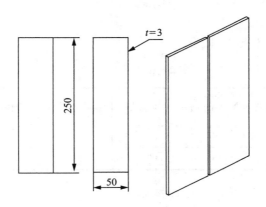

图 2-1-9 薄板立对接试件图

【任务分析】

板对接立焊时,无论是自上向下焊还是自下向上焊,液态金属受重力作用易下流,较难保证焊道表面。自下向上焊时,应采用比板平对接焊稍小的焊接电流,焊枪摆动频率稍快,使熔池小而薄。薄板焊接时,一般采用自上向下焊时,要选择恰当的焊接参数,更关键的是焊接速度与熔池形状配合适当。

【任务处理】

一、焊前准备

(一)试板

如图 2-1-9 所示,试板材料为 Q235 钢,尺寸为 250 mm×50 mm×3 mm,每组两块。

(二)焊材

焊丝型号为 ER49-1(牌号为 H08Mn2SiA),直径 1.0 mm。瓶装 CO$_2$ 气体,气体纯度

99.5%以上。

（三）焊接设备

NBC-350电焊机及其附属设备。

（四）辅助工具

电焊防护面罩、锉刀、敲渣锤、钢丝刷、角向磨光机等。

二、操作步骤

（一）焊前清理

同平对接焊。

（二）装配定位焊

同平对接焊。

（三）工艺参数（见表2-1-9）

表2-1-9   工艺参数

	焊丝直径/mm	干伸长度/mm	焊接电流/A	电弧电压/V	焊接速度/（m/min）	气体流量/（L/min）
自下向上	1	10～15	65	18	4～4.5	12
自上向下	1	10～15	60	17	4.5～5.5	10

（四）操作要领

1. 焊枪角度

两种焊接方式的焊枪角度都与焊缝横向左右垂直，与焊接反方向成75°～85°，如图2-1-10所示。

图2-1-10   焊枪角度

2. 自下向上焊接

在焊件下端定位焊固定点上引弧，引弧后小锯齿摆动向上焊接，至固定点低端压低电弧稍作停顿，击穿根部打开熔孔后，小锯齿形摆动，向上焊接，在坡口两侧稍作停顿，使其熔合良好，如图2-1-11所示。

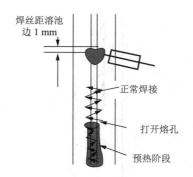

图 2-1-11 自下向上焊接

正常焊接时,当定位间隙较大时,作小间距锯齿形摆动;当定位间隙较小时,也可不摆动,直线上移即可。

无论是锯齿形移动还是直线移动,都要密切观察熔孔,如图 2-1-12 所示。可以通过调整焊枪角度和电弧燃烧点位置来控制熔孔大小。如果观察到熔孔过大又来不及调整焊枪角度和电弧燃烧点位置,可熄弧,用断弧法焊接。熄弧后,焊枪位置不要动,当观察到熔池变暗后,再引燃电弧,继续焊接。

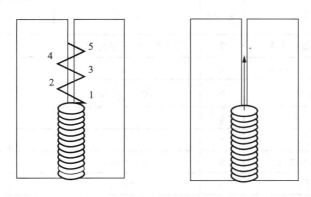

图 2-1-12 锯齿形运丝和直线形运丝

3. 自上向下焊接

薄板立对接焊时,一般采用自上向下焊接,如图 2-1-13 所示。焊接时在工件的顶端引弧,注意观察熔池,焊接过程采用直线运丝,焊枪不做横向摆动,焊接速度和熔融金属的下流速度要配合适当。由于受重力的影响,为避免熔池中金属液流淌,在焊接过程中应始终将焊丝对准距熔池前边缘 1 mm 处,让电弧在此处燃烧,对熔池起到上托的作用,如果掌握不好,就会出现金属液流到电弧的前方。此时应加速焊枪的移动,并减小焊枪的角度,靠电弧吹力把金属液上推,以免产生焊瘤及未焊透缺陷。

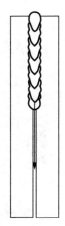

图 2-1-13 自上向下焊接

【评价标准】

表 2-1-10　薄板立对接焊检查项目及评分标准

序　号		检查项目	配　分	标　准	自评分	小组评分	教师评分	总　分
1	焊前准备	劳动保护准备	2	个人及工作环境防护齐备				
2		试板外表清理	4	干净				
4		定位焊	6	二处,≤10 mm				
5	外观检查	气孔	6	无				
6		穿丝	6	无				
7		咬边	6	≤0.5 mm				
8		弧坑	6	填满				
9		焊瘤	6	无				
10		未焊透	6	无				
11		裂纹	6	无				
12		未熔合	6	无				
13		焊缝正面高度差	6	≤2 mm				
14		焊缝反面高度差	6	≤2 mm				
15		试件变形	6	≤1°				
16		试件错边量	6	≤1 mm				
17	焊后自查	焊后清理	4	干净				
18		合理节约焊材	4	不浪费焊丝,及时关闭气瓶				
19		安全文明生产	6	服从管理,安全操作				
总　分			100					

五、生产实习

（一）生产图纸（见书后折页图 2-1-14）

（二）焊接流程

1. 生产准备

（1）明确施工过程中各个人应承担的工作责任，并对全体学员进行安全教育。

（2）所有学员要充分了解工程概况、生产计划、工艺要求、技术要求、质量要求以及焊接的难点及重点，认真研究熟悉图纸，领会设计意图，严格按照图纸要求施工。

（3）生产前，对所有施工中需用的焊接设备、材料、工具进行清点核实、质量检查和试运转。焊丝型号为 ER49-1（牌号为 H08Mn2SiA），直径 1.0 mm。瓶装 CO_2 气体，气体纯度 99.5% 以上。对电动器具还应进行安全测试；焊接设备为 NBC-350 电焊机及其附属设备；辅助工具为电焊防护面罩、锉刀、敲渣锤、钢丝刷、角向磨光机等。

① 检查设备气路、电路是否接通，送丝机送丝轮规格和焊丝规格，导电嘴和焊丝是否配套，并清理送丝轮油腻污物，以免焊丝打滑、送丝不稳。清理喷嘴内壁，使其干净、光滑，以免保护气通过受阻。

② 检查设备状态，电缆线接头是否接触良好；检查安全接地线是否断开，避免因设备漏电造成人身安全隐患。

（4）对 20 种单件进行质量验收，把加工有缺陷、尺寸达不到要求的单件筛选出来，返回车间重新加工。

（5）对合格的单件在焊接部位进行打磨，去除油污铁锈，去除尖角毛刺。

（6）焊前，焊工必须穿戴好劳动防护用品，绝缘工作手套不要有油污，不可破漏，打磨时佩戴平光防护眼镜，选用合适的护目玻璃色号。牢记焊工操作时应遵循的安全操作规程，在作业中贯彻始终。

2. 生产过程

（1）工艺分析：

① 考虑焊接应力与变形，合理安排焊接工序，并保证焊后能够用锤击法整形。例如，先焊合框架，最后再焊合台面板，就是考虑到了焊接变形和整形。

② 考虑焊缝位置，便于操作。焊缝应尽量处于平焊位置，减少立角焊缝数量；焊缝要布置在便于施焊的位置，如工序 6 中的焊缝位置。

③ 考虑焊接装配定位，便于组对焊接。焊接过程中尽量少画线，充分利用单件上预先制备的工艺孔，用定位销定位，如工序 1、工序 3 和工序 7。

④ 考虑精简工序，减少辅助时间。在加工过程中，尽量减少吊动翻转工件的次数、提高焊接效率。例如，工序 9，左右弯板提前焊合就是节约了一次翻转工件的时间。

（2）加工工艺：

工序 1

工序名称：支撑板 I 和固定板 V 组对

工序图样：

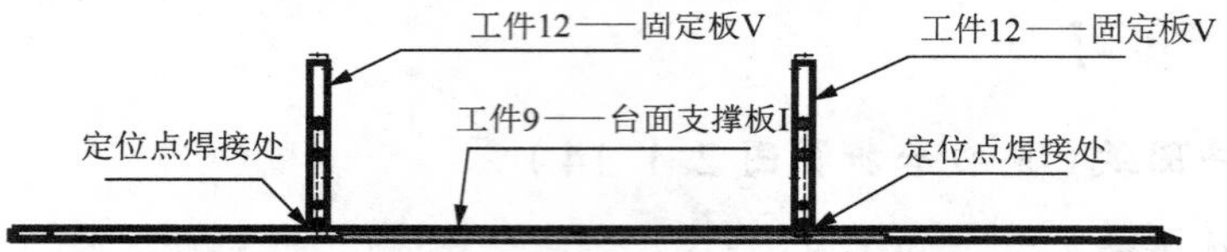

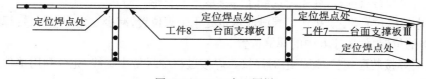

图 2-1-15　工序 1 图样

操作说明：

先用定位销，通过预先加工在工件 12 固定板 V 和工件 9 台面支撑板 I 上的定位工艺孔，将工件组装好，然后在定位点指示处进行定位装配焊接。

技术要求：

① 工件 12 和工件 9 相互垂直。

② 起弧点应在焊缝端部，定位焊缝长度 8 mm ≤ L ≤ 12 mm。

③ 焊接工艺卡见表 2-1-11。

表 2-1-11　焊接工艺卡

焊接工艺卡						
材料钢号	板材厚度	焊接方法	焊接电源		焊缝名称	焊接位置
			种　类	极　性		
Q235	3 mm/4 mm	135	直流	反接	定位焊	立角
焊接工艺参数						
焊　道	焊材型号	焊材直径/mm	焊接电流/A	电弧电压/V	气体流量/(L/min)	焊接速度/(m/min)
1	ER49-1	1	90	20	12	4～4.5

工序 2

工序名称：组对支撑板 II 和支撑板 III

工序图样：

图 2-1-16　工序 2 图样

操作说明：

将工件 8 固定板 II 和工件 7 台面支撑板 III 组装好，然后在定位点指示处进行定位装配焊接。

技术要求：

① 工件 7 和工件 12 要垂直，工件 8 和工件 12 要平行。

② 定位焊缝长度 8 mm ≤ L ≤ 12 mm。

③ 焊接工艺卡见表 2-1-11。

工序 3

工序名称:前面板和固定板Ⅰ组对

工序图样:

图 2-1-17　工序 3 图样

操作说明:

先用定位销,通过预先加工在工件 18 前面板和工件 13 固定板Ⅰ上的定位工艺孔,将工件组装好,然后在定位点指示处进行定位装配焊接。

技术要求:

① 工件 13 和工件 18 相互垂直。

② 定位焊缝长度 8 mm≤L≤12 mm。

③ 焊接工艺卡见表 2-1-11。

工序 4

工序名称:框架整体初步组对

工序图样:

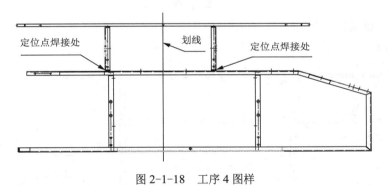

图 2-1-18　工序 4 图样

操作说明:

先在焊接平台上划一条直线,将工序 3 和工序 2 组对的部件中心对齐所划直线,然后在定位点指示处进行定位装配焊接。

技术要求:

① 工件 18 和工件 8 要平行,工件 13 和工件 8 要垂直。

② 定位焊缝长度 8 mm≤L≤12 mm。

③ 焊接工艺卡见表 2-1-11。

工序 5

工序名称:框架整体组对

工序图样：

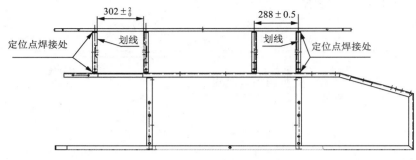

图 2-1-19　工序 5 图样

操作说明：

先在焊接平台上按照工序图样上的尺寸要求划两条线，将工件 13 的部位对齐划直线，然后在定位点指示处进行定位装配焊接。

技术要求：

① 工件 13 和工件 8、工件 18 要垂直，四件工件 13 要相互平行。

② 定位焊接后，要测量装配尺寸达到图纸要求。

③ 定位焊缝长度 8 mm ≤ L ≤ 12 mm。

④ 焊接工艺卡见表 2-1-11。

工序 6

工序名称：框架整体焊合

工序图样：

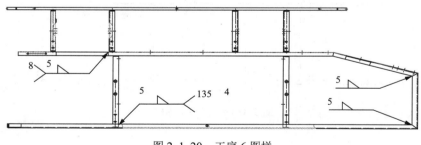

图 2-1-20　工序 6 图样

操作说明：

按照工序图纸要求，焊接 14 条角焊缝。焊接时焊缝要按照对称顺序焊接，以防止焊接变形。

技术要求：

① 严格控制焊接部位的相对位置尺寸，合格后方准焊接。

② 焊后打磨，要求焊缝美观，无焊接缺陷。

③ 焊接工艺卡见表 2-1-12。

表 2-1-12　焊接工艺卡

焊接工艺卡						
材料钢号	板材厚度	焊接方法	焊接电源		焊缝名称	焊接位置
			种　类	极　性		
Q235	3 mm/4 mm	135	直流	反接	框架焊合	立角
焊接工艺参数						
焊　道	焊材型号	焊材直径/mm	焊接电流/A	电弧电压/V	气体流量/(L/min)	焊接速度/(m/min)
1	ER49-1	1	85	19	12	4～4.5

工序 7

工序名称：台面面板组对

工序图样：

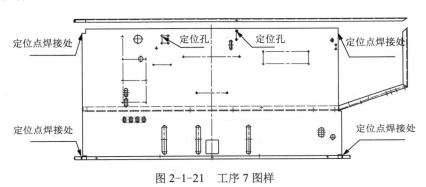

图 2-1-21　工序 7 图样

操作说明：

将焊合的框架先整形，然后先用定位销，通过预先加工在工件 1 台面面板和工件 9 台面支撑板上的定位工艺孔，将台面面板和焊合的框架组装好，最后在定位点指示处进行定位装配焊接。

技术要求：

① 先将框架整形，达到图纸规定尺寸要求。

② 框架上表面要平整，便于台面面板安装。

③ 焊接工艺卡见表 2-1-11。

工序 8

工序名称：踏板及左右弯板组对

工序图样：

操作说明：

先将左右弯板在定位点焊接处进行定位焊接组对，然后将踏板在定位点焊接处进行定位焊接组对。

技术要求：

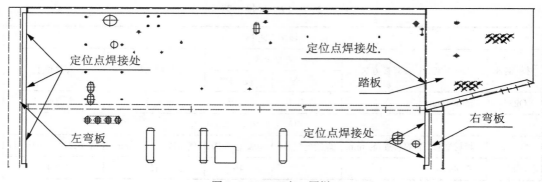

图 2-1-22　工序 8 图样

① 目测定位位置准确。

② 定位焊缝长度 8 mm ≤ L ≤ 12 mm。

③ 焊接工艺卡见表 2-1-11。

工序 9

工序名称:左右弯板焊合

工序图样:

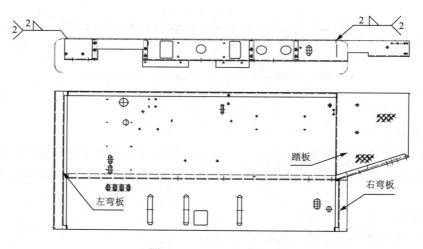

图 2-1-23　工序 9 图样

操作说明:

按照图纸要求,焊合左右弯板。

技术要求:

① 焊缝要求美观。

② 焊后要求打磨。

③ 焊接工艺卡见表 2-1-12。

工序 10

工序名称:固定板组对

工序图样:

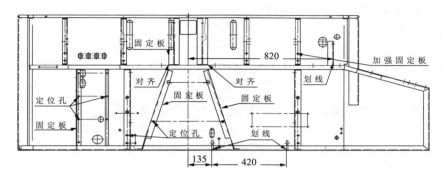

图 2-1-24　工序 10 图样

操作说明:

① 先用定位销把工件 19、工件 17、工件 14 在定位工艺孔上定位,然后再焊接定位。

② 工件 3 和工件 11 通过划线定位。

③ 为保证工件 15、16 的同轴度公差,先用辅助工具 $\Phi9$ 的轴装配好,然后对齐工件 14,再焊接定位。

技术要求:

定位要达到图纸上的精度要求。

焊接工艺卡见表 2-1-11。

工序 11

工序名称:台面焊合

工序图样:

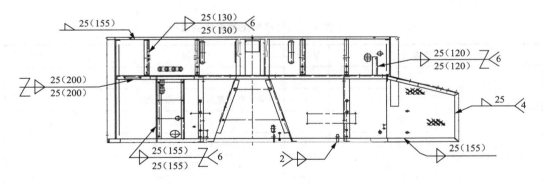

图 2-1-25　工序 11 图样

操作说明:

按照图纸要求焊接所有标注的焊缝。

技术要求:

所有焊缝达到图纸标注的要求。

工艺卡见表 2-1-12。

工序 12

工序名称:连接板及线束固定板焊接

工序图样:

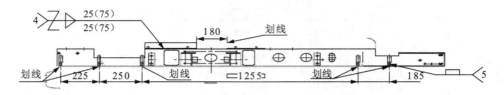

图 2-1-26　工序 12 图样

操作说明:

先按照图纸要求画线,将工件 6 线束固定板和工件 4、5 连接板装配定位,然后按照标注的焊接符号要求,焊接工件 6 和工件 4、5。

技术要求:

连接板要达到焊接要求。

工艺卡见表 2-1-12。

工序 13

工序名称:质量验收

(1)尺寸检测:符合图纸要求。

(2)形位公差检测:符合图纸要求。

(3)焊缝外观检测:无虚焊、漏焊缺陷,焊缝不能有未焊透、气孔、裂纹等缺陷。

(4)飞溅、焊渣要打磨干净,焊缝要求打磨平整。

(三)评价标准

表 2-1-13　驾驶室台面生产加工检查项目及评分标准

序 号	检查项目		配分	标 准	得 分	检验员
1	焊前准备	劳动保护准备	2	个人及工作环境防护齐备		
2		设备调试	2	正确检查电路和连接气路及调试设备		
3	工艺流程	图纸会审	4	看懂图纸,明确工艺		
4		下料清理	4	操作规范,清理彻底		
5		焊接	4	按工艺流程进行加工		
6		检测	4	明确检测项目		
7	焊缝外观检查	气孔	4	无		
8		咬边	4	深≤0.5 mm		
9		弧坑	4	填满		
10		焊瘤	4	无		
11		未焊透	4	无		

续表

序 号	检查项目		配 分	标准	得 分	检验员
12	焊缝外观检查	裂纹	4	无		
13		内凹	4	无		
14		未熔合	4	无		
15		焊缝高度	4	≤2 mm		
16		焊缝高度差	4	≤0.5 mm		
17		焊缝宽度	4	≤8 mm		
18		焊缝宽度差	4	≤1 mm		
19	质量评定	工件错边	5	无		
20		工件变形	5	放置划线平台,非接触点间隙≤1 mm		
21		尺寸精度	5	≤±1 mm		
22		垂直度	5	≤±1°		
23	焊后自查	合理节约焊材	5	不浪费焊丝,及时关闭气瓶		
24		安全文明生产	5	服从管理,安全操作		
总 分			100			

项目评价说明:

① 焊缝外观检查栏目中有四处单项得分低于本单项所占分数的60%,本项目便视为不合格产品。

② 质量评定栏目中有一处单项得分低于本单项所占分数的60%,本项目便视为不合格产品。

③ 总分低于70分,便视为不合格产品。

④ 总分高于70分,视为合格产品,总分高于80分,便视为优秀产品。

六、拓展训练

大径管水平固定焊

【学习任务】

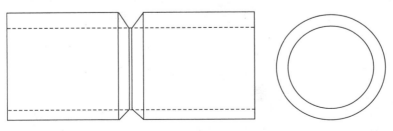

图 2-1-27 大径管水平固定焊图样

（一）试件

如图 2-1-27 所示，选用 Q245R 无缝钢管，尺寸为 Φ108 mm×100 mm×10 mm，每组两块，坡口角度为 60°，钝边自定。

（二）焊材的选择

焊丝型号为 ER49—1（牌号为 H08Mn2SiA），直径 1.0 mm。瓶装 CO_2 气体，气体纯度99.5%以上。

（三）焊接设备

NBC-350 电焊机及其附属设备，采用反接法。

（四）辅助工具

电焊防护面罩、锉刀、敲渣锤、钢丝刷、角向磨光机等。

【任务分析】

由于试件水平固定，焊接时，经历仰焊、仰爬坡焊、立焊、爬坡焊、平焊五种位置的焊接，焊接位置变化频繁，不可能频繁调节焊接参数，只能通过改变焊枪角度，改变电弧燃烧点位置来控制焊接质量，使焊接难度增大。Φ108 mm×10 mm 管对接，由于管壁较厚，特别是作为焊接起始部位的仰焊位置，熔池温度上升较慢，操作不当会产生背面未焊透，正面焊瘤。而处于平位时又容易产生烧穿和背面焊瘤。所以，选择较合适的焊接参数，并通过调节焊枪角度、电弧燃烧点位置、干伸长度，随管子周向的不断变化而变化，进行合理的操作，既保证焊透，又不致使熔池温度升高而产生焊瘤。

【任务处理】

一、焊前清理

定位焊前除净管子坡口面及坡口两侧 20 mm 范围内管壁上的油、锈及其他污物。

二、装配定位焊

装配定位时管子应预留 2～3 mm 间隙，直接在管子坡口内进行定位焊，定位焊点 2 处，不允许 6 点仰焊位置有定位焊点，将两个定位焊点置于 10 点和 2 点位置，如图 2-1-28 所示，定位焊缝长度 10～12 mm，并将定位焊点打磨成斜坡状以便接头。

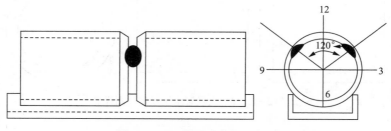

图 2-1-28 装配定位焊示意图

三、选择工艺参数

表 2-1-14　大径管水平固定焊工艺参数

	焊丝直径/mm	干伸长度/mm	焊接电流/A	电弧电压/V	焊接速度/（m/min）	气体流量/（L/min）
打底层	1	10～15	80	19	3.5～4	10
盖面层	1	10～15	90	20	4～4.5	12

四、操作要领

（一）打底焊

打底焊分前后两个半圈完成，前半圈在仰位置起焊，平位结束，后半圈在仰位置接头，在平位置封口。

1. 焊枪角度

焊枪与试件轴向夹角为 90° 角，与试件焊接方向成 80°～90° 夹角，如图 2-1-29 所示。

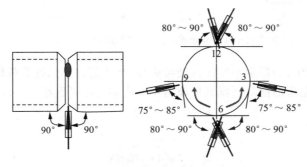

图 2-1-29　钢管对接水平固定焊打底焊焊枪角度示意图

2. 焊接前半圈

在 6 点多约 5 mm 的坡口一侧斜面上，距根部 1～2 mm 处引弧，待坡口根部击穿熔化并形成熔池后，快速移动电弧到另一侧坡口，待此侧坡口根部击穿并形成熔池且与另一侧坡口搭桥后形成一个完整熔池后，小锯齿形摆动向 5 点方向焊接。此时，在熔池前方坡口两侧各熔掉棱边 0.5～1 mm，观察熔池形状、熔孔大小情况，调节摆动幅度，前移步伐大小，保证熔池形状，熔孔与间隙两边对称，且熔孔直径比间隙大 0.5～1.0 mm 为宜。焊接到点固焊点，在距点固焊点 1 mm 时，电弧向前摆动预热点固焊点，然后回到原位置正常焊接。超过 12 点 5～10 mm 后开始收弧，回拉电弧到坡口面灭弧，不要立即提起焊枪，等弧坑在 CO_2 气体保护之下冷却后再提起焊枪，如图 2-1-30 所示。

3. 焊接后半圈

在 6 点半位置引弧后，快速移动电弧到前半圈起头处，击穿根部后锯齿形摆动向 7 点方向焊接，与前半圈焊接相同。封口时要覆盖前焊道 5～10 mm 后再收弧。

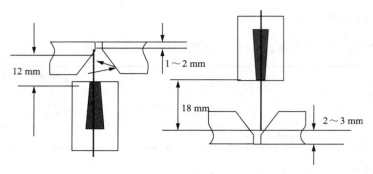

图 2-1-30　钢管对接水平固定焊打底焊示意图

4. 焊接注意事项

（1）焊接过程注意坡口两边停顿时间，避免焊缝凸起，两侧夹沟，整个焊道高低基本相同，不破坏坡口棱边，距棱边 1.5~2 mm 为宜。非正确与正确焊缝断面形状，如图 2-1-31 所示。

图 2-1-31　非正确与正确焊缝断面形貌示意图

（2）在焊接过程中，当焊至不便操作处可灭弧，接头前将灭弧处的弧坑打磨成斜坡，在斜坡高端引燃电弧，小锯齿形摆动到斜坡根部击穿形成熔孔后再继续正常焊接。接头焊接方法如图 2-1-32 所示。

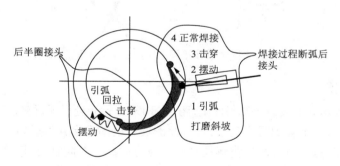

图 2-1-32　钢管对接水平固定焊接头示意图

（3）焊接过程中，注意观察熔池的变化。当熔池温度升高时，要加大电弧前移步伐或增加干伸长度，避免因熔池温度升高过快导致背面焊缝余高过大，甚至出现焊瘤。当熔池温度降低时，要减小电弧前移步伐或缩短干伸长度，以增加热输入来调节熔池的温度，避免因熔池温度过低导致背面未焊透，使正面焊缝熔合不良。焊接过程随焊缝位置的变化，应灵活转动手腕，随时调整焊枪的角度，以利于熔滴过渡。由仰位开始到平焊结束，焊丝干伸长度逐渐变长，以逐渐减小焊接电流，调节熔池温度，获得优质的焊缝。熔池形状如图 2-1-33 所示。

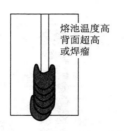

图 2-1-33　熔池形状示意图

（二）盖面焊

1. 焊枪角度

焊枪角度与打底层基本相同,如图 2-1-34 所示。

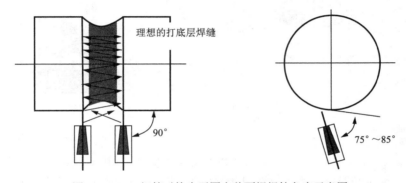

图 2-1-34　钢管对接水平固定盖面焊焊枪角度示意图

2. 焊接前半圈

彻底清理底层熔渣,用扁铲铲除接头高点和焊瘤,使底层焊道基本平整,最好呈中凹形,即可开始盖面焊接。

采用锯齿形运枪,摆动幅度稍大,根据底层焊道深度大小决定运条速度快慢。在仰位起焊时要超过 6 点位置,以便接头方便。引弧后,稍作停顿稳弧,当形成熔池后小锯齿摆动,焊丝摆动到坡口两侧时,正对坡口棱边,电弧熔掉棱边 0.5～1 mm。由于坡口较底层稍宽,摆动速度要慢,坡口两侧停顿时间稍长,中间运枪稍快,主要熔透底层焊缝两侧与坡口夹角。前半圈焊接超过 12 点位置结束。

3. 焊接后半圈

在前半圈起焊点的上方 10～15 mm 处引弧,下拉电弧压住前半圈的起焊点,作月牙运枪接头,然后锯齿形摆动。正常焊接与前半圈相同,超过前半圈收弧点 5～10 mm,回焊收弧,填满弧坑。焊缝余高 2～3 mm,如图 2-1-35 所示。

4. 焊接注意事项

（1）接头处理方法:

在弧坑上方 10～15 mm 处引弧,快速回拉电弧到弧坑处,电弧覆盖弧坑 2/3 时,沿原弧坑边缘划动电弧,然后正常焊接,如图 2-1-36 所示。

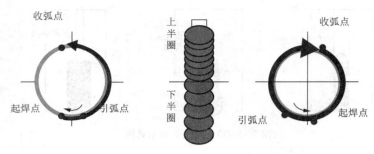

图 2-1-35　钢管对接水平固定焊盖面焊示意图

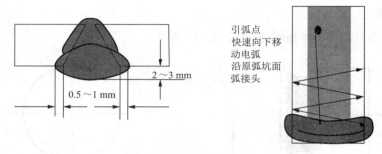

图 2-1-36　钢管对接水平固定盖面焊接接头方法示意图

（2）焊缝高度：

焊接下半圈时，熔融的金属易下坠，所以焊接下半圈时，前进间距以压住半个熔池为宜；焊接上半圈时，前进间距以压住 2/3 熔池为宜，以使上下各半圈焊缝高低基本相同。

【评价标准】

表 2-1-15　大径管水平固定焊检查项目及评分标准

序　号	检查项目		配　分	标　准	自评分	小组评分	教师评分	总　分
1	焊前准备	劳动保护准备	2	着装工作服，防护齐备				
2		管外表清理	2	干净				
3		定位焊	6	二处，≤12mm				
4	外观检查	气孔	5	无				
5		穿丝	5	无				
6		咬边	5	≤0.5 mm				
7		弧坑	5	填满				
8		焊瘤	5	无				
9		未焊透	5	无				
10		裂纹	5	无				
11		内凹	5	深≤2 mm，长≤35 mm				

续表

序　号		检查项目	配　分	标　准	自评分	小组评分	教师评分	总　分
12	外观检查	未熔合	5	无				
13		焊缝正面高度	5	≤2 mm				
14		焊缝正面高度差	5	≤2 mm				
15		焊缝正面宽度	5	≤14 mm				
16		焊缝下面宽度差	5	≤2 mm				
17		焊缝背面高度	5	≤3 mm				
18		焊缝背面高度差	5	≤2 mm				
19		焊后试件错边量	5	无				
20	焊后自查	焊后清理	2	干净				
21		合理节约焊材	4	不浪费焊丝,及时关闭气瓶				
22		安全文明生产	4	服从管理,安全操作				
总　分			100					

项目二 方箱的焊接

一、项目描述

　　方箱作为中级电焊工技能鉴定实作项目之一,主要考查了焊条电弧焊的板立对接焊接、立角焊和管板焊接技术,焊接完毕外观检查合格后进行水压试验如图 2-2-1 所示。

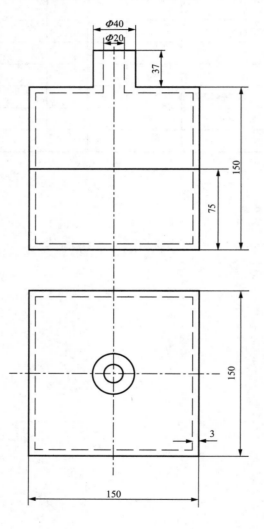

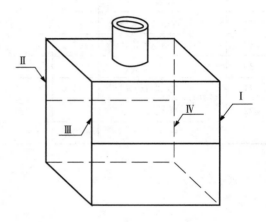

焊工中级方箱操作工艺规程

根据青岛市劳动局关于焊工中级工鉴定考试工件(方箱)评分标准的相关文件,制定本规程:
一、工件备料
1. 工件材料
厚度为 3 mm 的 Q235 钢板料
2. 材料数目
150×150 mm 板料 4 块
150×75mm 板料 4 块
Φ20 内螺纹方箱嘴 1 个
Φ2.5 mm 或 Φ3.2 mm 酸性焊条
二、组装
1. 将 4 块 150×75 mm 板料两两对接成 2 块 150×150 mm 板料,在焊缝两端约 30 mm 处点焊定位。
2. 在一块完整的 150×150 mm 板料中心点位置,加工一个 Φ15 mm 的圆孔。
3. 所有板料对接成 90°角,点焊定位,组成一个方箱。注意:2 块对接而成的 150×150 mm 板料(由 4 块 150×75 mm 板料两两对接而成)应装配在方箱平行的两个侧面,并且焊缝应与水平面平行,如图所示:
4. 将已打孔的板料作为方箱盖子(方箱盖子在焊接开始之后再进行电焊固定),在圆孔之上放置方箱嘴,并电焊定位。
三、焊接
1. 先使用立焊方法焊接方箱上垂直于水平面的四条焊缝,顺序依次为 I、II、III、IV。
2. 方箱上下两面的各 4 条焊缝,按"焊缝结尾压焊缝开头"的原则,采用立焊方法依次焊接即可。
3. 采用平角焊方法焊接方箱嘴。

二、项目分析

该项目为承压方箱,可采用焊条电弧焊和二氧化碳保护焊两种方法进行焊接,本项目只介绍焊条电弧焊,共分为 8 道工序:① 备料;② 打磨清理;③ 组对焊;④ 立角焊;⑤ 立对接焊;⑥ 水平固定管板焊;⑦ 焊后整形清理;⑧ 焊后检测。

现将四块 150 mm×75 mm×3 mm 的钢板两两对接成两块 150 mm×150 mm×3 mm 的钢板。在焊缝两端 30 mm 处点固定位;再在一起完整的 150 mm×150 mm×3 mm 钢板中心点位置,加工一个 $\Phi15$ 的圆孔;然后把所有板料对接成 90°,点固定位,组成一个方箱,最后完成立角焊、立对接焊和水平固定管板焊的焊接。

三、学习目标

(一)知识目标

1. 掌握焊条电弧焊相关知识。
2. 了解方箱的焊接工艺。

(二)技能目标

1. 掌握焊条电弧焊板对接操作技能。
2. 掌握焊条电弧焊立角焊操作技能。
3. 掌握焊条电弧焊管板垂直焊操作技能。
4. 掌握焊条电弧焊管板水平焊操作技能。

四、技能训练

任务 1　焊条电弧焊——V 形坡口板对接立焊

【学习任务】

如图 2-2-2 所示,Q345 钢 300 mm×120 mm×12 mm,每组两块。要求焊缝倾角为 90°,由下向上施焊。

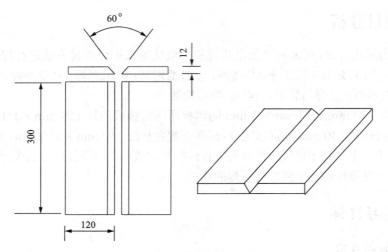

图 2-2-2　板立对接试件图

【任务分析】

Q345 钢含有少量的锰元素,根据碳当量估算,裂纹倾向不明显,焊接性良好,无须采取特殊工艺措施。但焊缝位于空间垂直位置,熔池受重力作用易下坠,使焊缝成形困难,并容易产生焊瘤以及在焊缝两侧形成咬边。因此,立焊时,采用相对较小的焊接电流进行短弧焊,并要选用适当的运条方法和正确的焊条角度。焊接时,采用断弧焊进行打底层的焊接,连弧焊进行填充层和盖面层的焊接。

【任务处理】

一、焊前准备

(一)试件材料及尺寸

试件材料可选用 Q345、Q245R、16Mn 钢板。焊工技术等级考试和锅炉压力容器考试要求单面焊双面成形,选用厚度为 12 mm 的钢板,其尺寸为 300 mm×120 mm×12 mm,60°的 V 形坡口,如图 2-2-2 所示。

(二)焊接材料

E5015,规格 Φ3.2、Φ4。

(三)焊机

ZXE1-315 或 BX1-250。

(四)辅助工具

电焊防护面罩、锉刀、敲渣锤、钢丝刷、角向磨光机等。

二、操作步骤

（一）试件清理

为了防止焊接过程中出现气孔等缺陷，必须重视试件焊前的清理工作。最好用角向磨光机将试件正面和背面坡口两侧 20 mm 范围内的铁锈、油污等打磨干净，直到露出金属光泽为止。

（二）装配与定位焊

试件装配定位所用的焊条和正式焊接时相同，装配间隙始焊端 3.2 mm，终焊端 4 mm；错边量≤0.8 mm；定位焊缝在试件两端，定位焊要牢固，防止焊接过程中产生过大的变形。

为了保证试件焊接后的平直度的要求，应该在焊接前预制反变形，反变形角度 3°～5°，如图 2-2-3 所示。预制方法是在定位焊后，双手拿住试件并使其正面向下，轻轻在铁制工作台上敲击，直到达到反变形角度要求，如图 2-2-4 所示。

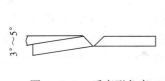

图 2-2-3 反变形角度

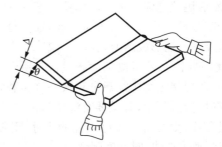

图 2-2-4 预制反变形

（三）焊接工艺参数

各焊道选用的焊接参数见表 2-2-1。

表 2-2-1 焊接工艺参数及操作方法

焊接层次	焊条类型及直径	焊条与试件间的角度	操作方法	焊接电流/A
打底层	E5015 Φ3.2 mm	60°～70°	断弧焊	90～100
填充层 （第2、3层）	E5015 Φ4 mm	70°～80°	连弧焊	105～120
盖面层	E5015 Φ4 mm	75°～85°	连弧焊	100～115

（四）打底层的焊接

为保证焊缝背面成形需采用单面焊双面成形技术。焊接从试件间隙小的一端开始，采用立向上焊接。

单面焊双面成形的操作方法有两种：连弧焊和断弧焊接法。连弧焊接法焊接电流的选择范围较小，对操作技术的要求高，建议从断弧法开始练习。

1. 连弧焊打底层

从试件底端定位焊缝处引弧，电弧引燃稍作停顿预热后即以小锯齿形向上运条。当电弧到达定位焊缝终端根部间隙时，将焊条对准坡口根部中心，向背面压送焊条。当听到击穿坡口根部的声音并形成熔孔后，焊条以小锯齿形左右摆动向上施焊。

施焊过程中要采用短弧焊，严格控制弧长，运条速度要均匀，并将电弧的 2/3 覆盖在熔池上，以保护熔池金属，电弧的 1/3 保持在熔池前，用来熔化并击穿坡口根部，形成熔孔，保证焊透和背面成形。

2. 断弧焊打底层

断弧焊又称为灭弧焊，主要是依靠电弧燃烧及熄灭时间长短来控制熔池温度、形状及填充金属的多少，以获得良好的背面成形和内部质量。

始焊时，在定位焊缝上引弧，以稍长的电弧对定位焊缝和坡口根部相接处摆动进行预热，然后压低电弧，向试件背面压送焊条。当听到"噗"的声音，说明坡口已经被击穿并形成第一个熔池，然后迅速熄弧。熄弧动作要迅速、果断，通过防护面罩观察熔池金属亮度。当熔池亮度逐渐变暗最后只剩下中心部位一亮点时，再在熔池前方重新引弧，并对准坡口根部中心，向背面压送焊条。在形成熔池之后立即熄弧，转入电弧引燃—击穿—熄弧的正常焊接。

打底层焊接要领可概括为：一看、二听、三准、四短。看，就是认真观察熔池的形状和熔孔的大小，在焊接过程中注意分辨液态金属和熔渣，熔池中液态金属明亮、清晰，而熔渣较暗。听，就是在焊接过程中，耳朵要听清电弧击穿试件坡口根部时，发出"噗噗"的声音。准，就是在焊接过程中，要准确掌握好熔孔的尺寸，引弧时看准引弧部位，且下手要准。短，就是每次引弧与熄弧速度要快，时间间隔要短，节奏控制在每分钟 40～50 次。

打底层焊接的关键是接头，必须引起足够的重视。焊缝的接头有两种：热接法和冷接法，最好采用热接法：在焊条剩下 30～40 mm 时即压低电弧并向熔池一侧连续过渡几颗熔滴，使背面焊缝饱满，然后迅速熄弧，更换焊条；在焊接方向距弧坑约 10 mm 处坡口面上引弧，焊条角度比正常焊接时约大 10°；引弧后拉长电弧进行预热，然后稍作横向摆动向上施焊，并逐渐压低电弧；将焊条顺着原先熔孔，立即将电弧下压，待听到"噗噗"声后形成新的熔孔后熄弧，转入正常施焊。如果采用冷接法，先将弧坑处打磨成缓坡形，在接头上方约 10 mm 处坡口面上引弧，并迅速将电弧拉回到弧坑缓坡处，左右摆动预热，使弧坑温度逐渐升高，然后将焊条顺着原先的熔孔迅速下压，听到"噗噗"声后稍作停顿，将弧坑填满并恢复正常施焊。

打底焊时有三项原则，即"看"，就是看熔孔的大小，从起弧到终了始终要保持一致，不能太大，也不能太小，太大易烧穿，太小易造成未焊透、夹渣等缺陷；"听"，就是在打底焊的全过程中应始终有"噗噗"的悦耳声，证明已焊透；"准"，就是在引弧、熄弧的断弧焊全过程中焊条的给送位置要准确无误，停留时间也应恰到好处，过早容易产生夹渣，过晚又容易造成烧穿形成焊瘤。只有"看""听""准"相互配合得当，才能焊出一个外观美观，无凹坑、焊瘤、未焊透、未熔合、缩孔、气孔等问题的背面成形好的焊缝。

（五）填充层的焊接

填充层施焊前，应将打底层的熔渣和飞溅物清理干净，特别注意清理死角处的熔渣，将打底层焊缝接头处的焊瘤打磨平整，然后进行填充焊。为了保证质量，填充层应该焊接两层完成。第一填充层主要消除、熔合打底焊道的潜在缺陷,保证焊道厚度与工件表面相距一致。这样可以降低每层焊缝的厚度,且后焊道对前焊道有消除缺陷的作用。填充焊的重点是保证焊道间熔合良好,焊道平整,填充焊的焊接工艺参数见表2-2-1。

填充层焊接时,可采用锯齿形运条,运条时电弧尽可能短,焊条摆幅加大,在坡口两侧稍作停顿,中间稍快,从而保证焊缝与母材熔合良好,填充焊道稍向下凹。填充层焊接接头时,在弧坑上方 10 mm 处引弧,电弧拉至弧坑处,沿弧坑的形状将弧坑填满,再正常焊接。控制好最后一道填充焊缝高度应低于母材 0.5~1.5 mm,最好呈凹形,不能熔化坡口棱边,以便于盖面层焊接。

(六)盖面层的焊接

盖面层施焊前,应将前一层的熔渣和飞溅物清理干净,焊接工艺参数见表2-2-1。运条方法与填充层焊接时相同,但焊条摆动的幅度比填充层大,焊条摆动时注意摆动幅度一致,运条速度均匀。当电弧摆到坡口两侧时,眼睛应密切注意坡口,电弧应熔化坡口两侧 0.5~1 mm,并在坡口两侧稍作停顿,以防止咬边,同时要保证熔池边沿不得超过坡口棱边 2 mm,否则焊缝超宽。

(七)焊后处理

清理盖面层熔渣及飞溅物,检查焊缝质量。Q345 是低合金结构钢,焊后淬硬性小,一般不需要焊后处理。对于淬硬性大的钢或有特殊用途的焊件通常要进行处理,以消除应力和淬硬组织。

(八)注意事项

(1)用碱性焊条时,必须严格清理焊件坡口及两侧的锈、水、油污、油漆等,以防止产生气孔和冷裂纹。

(2)使用碱性焊条时,宜采用划擦法引弧,提高引弧的成功率,减小产生气孔的概率。

(3)当与直流焊机配合使用时,碱性焊条应使用直流反接。

(4)应根据接头形式的特点和焊接过程中熔池温度的情况,灵活运用适当的运条法。

(5)在焊缝接头时,更换焊条要迅速,采用热接法。

【评价标准】

表 2-2-2 10 mm 板 V 形坡口立对接检查项目及评分标准

	检查项目	配 分	评分标准	自 评	组 评	师 评	得 分
焊前准备	工件表面干净,定位焊尺寸、位置正确	10	一处不合格扣5分				
	焊接参数调整正确	10	不正确扣5~10分				

续表

检查项目		配分	评分标准	自 评	组 评	师 评	得 分
焊缝外观质量	焊缝余高 0～2 mm	6	>4 mm 或 <0 不得分				
	焊缝宽度 15^{+2} mm	8	>3 mm 或 <2 mm 不得分				
	背面余高 0～2 mm	8	>3 mm 或 <2 mm 不得分				
	焊缝直线度 0～2 mm	8	>3 mm 不得分				
	角变形 0～2°	8	>3° 不得分				
	错边 0～1 mm	6	>1.2 mm 不得分				
	背面凹坑深度 <1.2 mm	6	>1.2 mm 或长度 >30 mm 不得分				
焊缝外观质量	咬边深度 0～0.5 mm 长度累计 4 mm	10	>1 mm，累计长 5 mm 扣 1 分 咬边深度 >1.5 mm，累计长 30 mm 不得分				
	注意：焊缝表面必须保持原始状态，不得有加工、补焊、返修等现象或有裂纹、气孔、夹渣、未焊透、未熔合等任何缺陷存在，否则为不及格。						
安全文明生产	劳保用品穿戴整齐	6	穿戴不合格扣 2～5 分				
	遵守安全操作规程	8	根据情况扣 5～8 分				
	焊接完毕工作场地干净，工具摆放整齐	6	根据情况扣 3～6 分				

任务 2　焊条电弧焊——立角焊

【学习任务】

如图 2-2-6 所示，将焊件定位成 T 形接头，焊缝处于立焊位置。立角焊在钢结构厂房、农业机械、汽车工业等领域应用广泛。要求焊脚尺寸大小均匀，分布对称，焊波细，成形美，焊缝两侧无咬边、焊缝上无焊瘤、夹渣等缺陷。

【任务分析】

立角焊是将焊件定位成 T 形接头接头，焊缝处于立焊位置的操作。立角焊与对接立焊的操作有许多相似之处，如用小直径焊条和短弧焊接，操作姿势和握焊钳的方法也相似。由于试件垂直固定，焊接操作在垂直方向进行。焊接时，与对接立焊不同的是：只有焊条与两块钢板夹角为 45° 时，才能保证两块钢板焊接均匀。

【任务处理】

立角焊焊接时,由于焊缝处于垂直方向,熔滴和熔池中的熔化金属受重力的作用很容易下淌,使焊缝成形困难。为掌握立角焊的操作技能,要注意以下环节。

一、焊接工艺参数

根据焊件的厚度决定需要焊接的层次和焊脚尺寸。当焊件厚度小于 6 mm 时进行单层焊,焊脚尺寸为 3～4 mm;当焊件厚度大于 6 mm 时,应进行多层焊,其焊脚尺寸应视焊件厚度而定。立角焊一般选用直径为 3.2 mm 的焊条,这样熔池体积小,冷却凝固快,可减少和防止液态金属下淌。由于立角焊电弧热量向焊件三个方向传递,散热快,所以在与对接立焊相同的条件下,焊接电流可增大 10% 左右。直径为 3.2 mm 的焊条,第一层连弧焊接时电流为90～100 A,断弧焊接时电流为 110～120 A,短弧焊,以保证焊透和焊缝两侧熔合良好。

二、起弧方法

无论采用连弧还是断弧焊,第一层均采用三角形运条方法。在离始焊端 15 mm 左右,在接头的根部引燃电弧,略拉长电弧下移至离焊缝始端 2～3 mm 的起弧端,预热瞬时压短电弧向斜左下方运条,在斜左下方停留一定时间,看到铁水与母材熔合好后,焊条立即作横向摆动到右边母材,再向左上方运条到起弧点为一次完整的运条循环。这一运条动作完成后,就形成第一个熔池。当采用断弧焊时,在三角形的顶端,即起弧点收弧,然后继续在三角形的顶端起弧,进行下一步焊接。后一个熔池要覆盖前一个熔池的 2/3 以上。

三、焊条角度

为了使两焊件能够均匀受热,形成熔池,保证熔深,如果焊件厚度相同,在焊接时焊条应在两焊件板面的角平分线上,即与左右焊件角度为45°位置上,并使焊条下倾与焊件成75°～90°的夹角,如图 2-2-5 所示。利用电弧对熔池向上的推力作用,使熔滴顺利过渡并托住熔池。

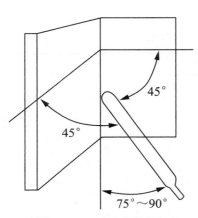

图 2-2-5　立角焊焊条角度

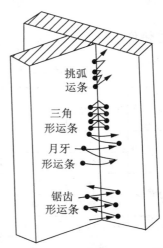

图 2-2-6　T 形接头试件图及立角焊运条方法

四、运条方法

立角焊焊接时根据试件的厚度不同,焊接层数不同,选择不同的运条方法。常用的运条方法有直线形运条法、三角形运条法、锯齿形运条法和月牙形运条法,如图 2-2-6 所示。

为了避免出现咬边等缺陷,除选用合适的电流外,运条时还应注意:焊条在焊缝中间运条速度要稍快于两侧,在两侧停留时间要控制恰当;保持每个熔池外形的下边缘平直,使熔化金属能够填满焊缝两侧边缘部分;焊条摆动的宽度小于焊脚尺寸 1.5～2 mm,待焊缝成形后就可达到焊脚尺寸的要求。

五、采用短弧焊

短弧焊是指焊接时弧长不大于焊条芯直径。短弧既可以控制熔滴过渡准确到位,又可避免电弧电压过高而使熔池温度升高、比较容易控制熔化过程。

六、熔池金属的控制

立角焊的关键是如何控制熔池金属,焊条要按熔池金属温度情况有节奏地向上运动并左右摆动;同时,让焊条在焊缝两侧停留时间稍多于焊缝中间,直到把熔池下部边缘调整成平直外形。焊接时应始终控制熔池形状为椭圆形或扁圆形。

七、操作步骤

1. 清理工件。在一块试板端头 20 mm 范围内和另一块试板平面上,用角向磨光机、锉刀、钢丝刷等工具清除铁锈、氧化皮等污垢,使之呈现出金属的光泽。

2. 装配定位。将焊件装配成 90°的 T 形接头,装配完毕后应校正焊件,保证两板的垂直度。

3. 将焊件垂直固定于焊接支架上,采用三层焊接。第一层采用直线形运条法、短弧焊接;第二层采用锯齿形或月牙形运条法,摆动宽度为 6 mm;第三层用锯齿形或月牙形运条法,摆动宽度为 10 mm。

4. 清理,检查。清理焊渣及飞溅物,检查焊接质量,分析问题,总结经验。

【质量评价】

表 2-2-3　立角焊检查项目及评分标准

检查项目		标准、分数	焊缝等级				自评	组评	师评	得分
			I	II	III	IV				
焊前准备	劳动保护	标准	完好	较完好	一般	差				
		分数	4	3.2	2.4	0				
	试板外表清理	标准	干净	较干净	一般	差				
		分数	4	3.2	2.4	0				
	试件定位焊尺寸	标准(mm)	长≤10	长≤12	长≤15	长＞15				
		分数	3	2.4	1.8	0				

续表

检查项目		标准、分数	焊缝等级				自评	组评	师评	得分
			Ⅰ	Ⅱ	Ⅲ	Ⅳ				
外观检查	气孔	标准	无	≤Φ1,1只	≤Φ1.5,1只	>Φ1.5				
		分数	4	3.2	2.4	0				
	夹渣	标准	无	深度≤0.5且长度≤10	深度≤0.5长度≤12	深度>0.5长度>12				
		分数	4	3.2	2.4	0				
	咬边	标准(mm)	深度≤0.5且长度≤10	深度≤0.5且长度10～20	深度≤0.5且长度20～30	深度>0.5长度>30				
		分数	6	4.8	3.6	0				
	未焊透	标准(mm)	0	深度≤1长度≤10	深度≤1长度≤12	深度>1或长度>12				
		分数	4	3.2	2.4	0				
	正面弧坑	标准	填满			未填满				
		分数	4			0				
	焊瘤	标准	0	有一处		两处				
		分数	3	2.4		0				
	裂纹	标准	无			有				
		分数	4			0				
	内凹	标准(mm)	0	深度≤1且长度≤10	深度≤1且长度≤12	深度>1或长度>12				
		分数	4	3.2	2.4	0				
	未熔合	标准	无	深度≤1且长度≤10	深度≤1且长度≤12	深度>1或长度>12				
		分数	4	3.2	2.4	0				
	非焊接区域碰弧	标准	0	有一处	有两处	有三处				
		分数	4	3.2	2.4	0				
	焊脚尺寸k_1	标准(mm)	13～14	14<k_1≤15	15<k_1≤16	<13或>16				
		分数	4	3.2	2.4	0				
	正面k_1差	标准(mm)	≤2	≤3	≤4	>4				
		分数	4	3.2	2.4	0				
	焊脚尺寸k_2	标准(mm)	13～14	14<k_1≤15	15<k_1≤16	<13或>16				
		分数	4	3.2	2.4	0				
	正面k_2差	标准(mm)	≤2	≤3	≤4	>4				
		分数	4	3.2	2.4	0				

续表

检查项目		标准、分数	焊缝等级				自评	组评	师评	得分
			Ⅰ	Ⅱ	Ⅲ	Ⅳ				
外观检查	焊脚尺寸差（k1−k2）或（k2−k1）	标准(mm)	≤2	≤3	≤4	>4				
		分数	4	3.2	2.4	0				
	焊缝正面凹凸度	标准(mm)	≤2	≤3	≤4	>4				
		分数	4	3.2	2.4	0				
	焊缝背面高度	标准(mm)	≤2	≤3	≤4	>4				
		分数	4	3.2	2.4	0				
	焊缝背面高度差	标准(mm)	≤2	≤3	≤4	>4				
		分数	4	3.2	2.4	0				
安全文明生产	合理节约焊材	标准	>50 一根	>50 两根	>50 三根	>50 四根				
		分数	4	3.2	2.4	0				
	清理焊渣、飞溅	标准	干净	较干净	一般	差				
		分数	4	3.2	2.4	0				
	不损伤焊缝	标准	未伤			伤				
		分数	4			0				
	安全、文明生产	标准	好	较好	一般	差				
		分数	4	3.2	2.4	0				

任务 3　焊条电弧焊——管板垂直固定焊

【学习任务】

如图 2-2-7 所示,将焊件定位成骑座式管板固定焊,焊缝处于平焊位置。

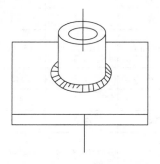

图 2-2-7　管板垂直固定平焊试件图

【任务分析】

管板固定焊接要求根部焊透,背面成形,正面焊脚对称。根据空间位置不同,管板固定焊接分为水平转动焊、垂直固定平焊、垂直固定仰焊、水平固定焊和 45°固定焊五种。本任务为管板垂直固定平焊。

【任务处理】

一、操作准备

（一）试件材料及尺寸

板材料为 16Mn 钢板，其尺寸为 100 mm×100 mm×12 mm，板中心钻直径为 50 mm 的通孔。管材料为 Q245R 无缝钢管，其尺寸为 Φ60 mm×100 mm×5 mm。

（二）焊条

选用 E5015 碱性焊条，规格 Φ2.5、Φ3.2，焊前经 350 ℃～400 ℃烘干，保温 1～2 h。烘干后的焊条放在焊条保温筒内随用随取，焊条在炉外停留时间不得超过 4 h，否则，焊条必须放在炉中重新烘干。焊条重复烘干次数不得多于 3 次。

（三）焊机

ZXE1-315 或 Ws-400，反接施焊。

（四）辅助工具

焊条保温筒、电焊防护面罩、锉刀、敲渣锤、钢丝刷、角向磨光机等。

二、操作步骤

（一）试件清理

为了防止焊接过程中出现气孔等缺陷，必须重视试件焊前的清理工作，最好用磨光机将试件坡口，外表面 15～25 mm、内表面 10～15 mm 范围内的铁锈、油污等打磨干净，直到露出金属光泽为止。

（二）装配与定位焊

试件装配定位所用的焊条和正式焊接时相同，装配定位时应留装配间隙，通常分别将直径为 3.2 mm 的焊条去除药皮后折成 U 形，将折成 U 形的焊条芯置于钢板上，再将钢管置于钢板上，这样就可保持 3.2 mm 的装配间隙。

定位通常焊 3 处，按圆周方向均匀分布；也可只焊 2 处，第三处作为始焊位置，必须按正式焊接的要求进行定位焊。定位焊缝不能太高，每段长度为 10 mm 左右。定位焊后，焊缝两端应打磨成缓坡行，以便焊接接头。装配定位后的试件要保证管子轴线垂直孔板。

（三）焊道分布及焊接工艺参数

焊道分三层四道，如图 2-2-8 所示。

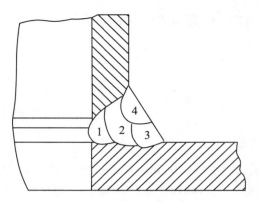

图 2-2-8 管板垂直固定焊焊道分布

管板垂直固定焊焊接工艺参数见表 2-2-4。

表 2-2-4 管板垂直固定焊焊接工艺参数

焊接层次	焊条直径/mm	操作方法	焊接电流/A
打底层	2.5	断弧焊	70~80
填充层	3.2	连弧焊	110~120
盖面焊		连弧焊	105~110

（四）打底层的焊接

断弧焊打底层的焊条角度如图 2-2-9 所示。先在试弧板上调好电流。直至所需电流大小为止。一切正常后可在定位焊后的板上引弧。待电弧稳定燃烧后引至坡口处中心尽量压低电弧，并稳定 1~2 秒，当管口发出电弧击穿声后立即进入正常焊接。施焊过程中，电弧以熔化板侧坡口边缘为主，管侧坡口边缘熔化应少些，以防背面焊道下坠。采用短弧施焊，应使 2/3 的电弧覆盖熔池，1/3 的电弧熔化坡口根部。

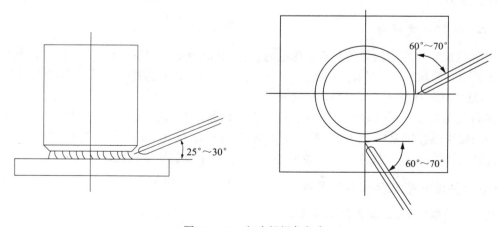

图 2-2-9 打底焊焊条角度

（五）填充层的焊接

填充层必须保证坡口两侧熔合良好，焊条角度比打底层焊接时要大些，焊条与孔板夹角为45°～50°，前倾角为80°～85°，如图2-2-10所示。施焊前将打底层焊道焊渣及飞溅物清理干净，填充层只焊一道，采用连续短弧的斜锯齿形运条方法，使两侧坡口熔合良好，焊道平整，不能过宽过高，为盖面焊的焊接打好基础。

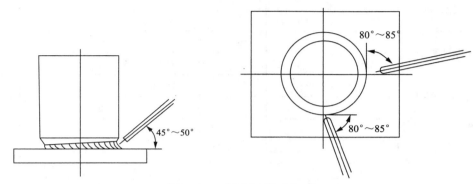

图2-2-10　填充层焊条角度

（六）盖面层的焊接

盖面层焊两道，施焊前应将填充层焊道的焊渣清理干净，焊条角度如图所2-2-11示。

盖面层都采用直线形运条方法，下面注意焊道应与孔板熔合良好，上面应与管壁表面熔合良好，防止咬边，同时上面焊道应覆盖下面焊道表面的1/2～1/3，以防止焊缝中间形成凹槽。

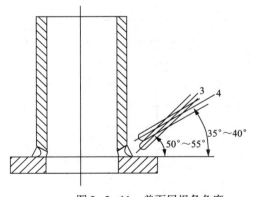

图2-2-11　盖面层焊条角度

（七）焊后处理

清理表面熔渣及飞溅物，检查焊缝质量，分析问题，总结经验。

【评价标准】

表 2-2-5 管板垂直固定焊检查项目及评分标准

检查项目		标准、分数	焊缝等级				自评	组评	师评	得分
			I	II	III	IV				
焊前准备	劳动保护	标准	完好	较完好	一般	差				
		分数	4	3.2	2.4	0				
	试板外表清理	标准	干净	较干净	一般	差				
		分数	4	3.2	2.4	0				
	试件定位焊尺寸	标准(mm)	长≤10	长≤12	长≤15	长>15				
		分数	3	2.4	1.8	0				
外观检查	气孔	标准	无			有				
		分数	4			0				
	夹渣	标准	无			有				
		分数	4			0				
	咬边	标准(mm)	深度≤0.5 且长度≤10	深度≤0.5 且长度 10~20	深度≤0.5 且长度 20~30	深度>0.5 长度>30				
		分数	6	4.8	3.6	0				
	未焊透	标准(mm)	0	深度≤1,长度≤10	深度≤1,长度≤12	深度>1 或长度>12				
		分数	4	3.2	2.4	0				
	弧坑	标准	填满			未填满				
		分数	4			0				
	焊瘤	标准	0			有				
		分数	3			0				
	裂纹	标准	无			有				
		分数	4			0				
	内凹	标准(mm)	0	深度≤1,长度≤10	深度≤1 长度≤12	深度>1 或长度>12				
		分数	4	3.2	2.4	0				
	未熔合	标准	无			有				
		分数	4			0				
	非焊接区域碰弧	标准	0	有一处	有两处	有三处				
		分数	4	3.2	2.4	0				
	板侧焊脚尺寸 k_1	标准(mm)	8~11	11<k_1≤12	12<k_1≤13	>13				
		分数	4	3.2	2.4	0				

续表

检查项目		标准、分数	焊缝等级				自评	组评	师评	得分
			I	II	III	IV				
外观检查	板侧焊脚 k_1 差	标准(mm)	≤2	≤3	≤4	>4				
		分数	4	3.2	2.4	0				
	管侧焊脚尺寸 k_2	标准(mm)	8~11	$11<k_1≤12$	$12<k_1≤13$	>13				
		分数	4	3.2	2.4	0				
	管侧焊脚 k_2 差	标准(mm)	≤2	≤3	≤4	>4				
		分数	4	3.2	2.4	0				
	焊脚尺寸差 (k_1-k_2)或 (k_2-k_1)	标准(mm)	≤2	≤3	≤4	>4				
		分数	4	3.2	2.4	0				
	焊缝凹凸度	标准(mm)	≤2	≤3	≤4	>4				
		分数	4	3.2	2.4	0				
	背面焊缝高度	标准(mm)	≤2	≤3	≤4	>4				
		分数	4	3.2	2.4	0				
	背面焊缝高度差	标准(mm)	≤2	≤3	≤4	>4				
		分数	4	3.2	2.4	0				
安全文明生产	合理节约焊材	标准	>50一根	>50两根	>50三根	>50四根				
		分数	4	3.2	2.4	0				
	清理焊渣、飞溅物	标准	干净	较干净	一般	差				
		分数	4	3.2	2.4	0				
	不损伤焊缝	标准	未伤			伤				
		分数	4			0				
	安全、文明生产	标准	好	较好	一般	差				
		分数	4	3.2	2.4	0				

五、生产实习

(一)生产图纸

方箱的图纸如图2-2-1所示。

(二)焊接流程

1.备料

(1)Q235钢板:150 mm×75 mm×3 mm四块,150 mm×150 mm×3 mm四块。

(2)Q235管接头:$\Phi40×20$ 一个(内丝尺寸与水压试验装置配套)。

2.打磨清理

为了防止焊接过程中出现气孔等缺陷,必须重视试件焊前的清理工作,最好用磨光机将试件坡口,外表面15～25 mm、内表面10～15 mm 范围内的铁锈、油污等打磨干净,直到露出金属光泽为止。

3.组对焊

表 2-2-6　组对焊焊接工艺卡

工序名称	组对焊	简　图				技术要求	
设　备	ZXE1-315						
工　装	直角拐尺					1. 尺寸公差不超过 ±1 mm	
坡口形状	I					2. 垂直度公差不超过 ±1°	
焊缝种类	角立对接						
材料名称	壁　厚	焊接方法	焊接电源		焊缝名称	焊接位置	
			种　类	极　性			
Q235	3 mm	111	交　流		定位焊	角立对接	
焊接工艺参数							
焊　道	焊材型号	焊材直径(mm)	焊接电流(A)	钨极直径	气体流量/(1/min)	焊接速度/(m/min)	
1	E4303	2.5	70～90				

4.立角焊

表 2-2-7　立角焊焊接工艺卡

工序名称	立角焊	简　图			技术要求	
设　备	ZXE1-315					
工　装						
坡口形状	I					
焊缝种类	角立对接				1. 尺寸公差不超过 ±1 mm 2. 垂直度公差不超过 ±1°	
材料名称	壁　厚	焊接方法	焊接电源		焊缝名称	焊接位置
			种　类	极　性		
Q235	3 mm	111	交　流		角立对接	立角焊

续表

焊接工艺参数						
焊 道	焊材型号	焊材直径/mm	焊接电流/A	钨极直径	气体流量/（L/min）	焊接速度/（m/min）
1	E4303	2.5	70～90			

5. 立对接焊

表 2-2-8 对立接焊焊接工艺卡

工序名称	平板立对接	简　图				技术要求	
设　备	ZXE1-315						
工　装						1. 尺寸公差不超过 ±1mm	
坡口形状	I					2. 垂直度公差不超过 ±1°	
焊缝种类	立对接						
材料名称	壁　厚	焊接方法	焊接电源		焊缝名称	焊接位置	
			种　类	极　性			
Q235	3 mm	111	交流		立　焊	立对接	
焊接工艺参数							
焊　道	焊材型号	焊材直径/mm	焊接电流/A	钨极直径	气体流量/（L/min）	焊接速度/（m/min）	
1	E4303	2.5	80～90				

6. 水平固定管板焊

表 2-2-9 水平固定管板焊焊接工艺卡

工序名称	管板水平固定焊	简　图				技术要求	
设　备	ZXE1-315						
工　装						1. 尺寸公差不超过 ±1mm	
坡口形状	I					2. 垂直度公差不超过 ±1°	
焊缝种类	管板平角焊						
材料名称	壁　厚	焊接方法	焊接电源		焊缝名称	焊接位置	
			种　类	极　性			
Q235	3 mm	111	交流		管板焊	管板平角焊	
焊接工艺参数							
焊　道	焊材型号	焊材直径/mm	焊接电流/A	钨极直径	气体流量/（L/min）	焊接速度/（m/min）	
1	E4303	2.5	85～100				

7. 焊后整形清理

8. 焊后检测

（1）尺寸检测：尺寸公差不超过 ±1 mm。

（2）形位公差检测：垂直度公差不超过 ±1°。

（3）焊缝外观检测：无虚焊、漏焊缺陷，焊缝不能有未焊透、气孔、裂纹等缺陷，飞溅、焊渣要打磨干净，焊缝要求打磨平整。

（4）产品外观要求工整，凭视觉不能观察出变形。

（三）评价标准

表 2-2-10　方箱焊接检查项目及评分标准

项　目		评分标准	配　分	扣　分	得　分
外观检查	焊接缺陷	气孔每个扣 5 分；焊瘤每处扣 10 分；咬边：两侧总长度≤10 mm 时扣 3 分，11～20 mm 时扣 6 分；类推。 当气孔两个以上；或焊瘤三处以上；或咬边：深度＞0.5 mm 或两侧总长度 100 mm 以上者，均为不及格。	20		
	角焊缝	（对角）宽度为 6～8 mm，宽度差≤2.5 mm，高度差≤1 mm，超出时，长度≤10 mm 扣 2 分，11～20 mm 扣 4 分，依次类推。	30		
	对接焊缝	宽度为 5～7 mm，宽度差≤2 mm，高度差≤1 mm，超出时，当长度≤10 mm 时扣 2 分，11～20 时扣 4 分，依次类推。	6		
	管接焊缝	焊脚尺寸 $K = 5～8$ mm，当 $K＞8$ mm 时为不及格 焊脚尺寸差≤2 mm，超出时按长度比例扣分。	4		
水压试验		压力为 0.5 Mpa 时为 0 分，压力在 0.5 Mpa 以下为不及格。每增加 0.1 Mpa 时加 1 分，压力达到要超过 4 Mpa 时为满分（35 分）	35		
时　间		提前不扣分，每超出 2 分钟时扣 1 分，超出 10 分钟后为不及格。	5		
其　他		1. 组装、调试电流时间共 15 分钟，超出时扣总分 10 分。 2. 操作时焊条头长度＜50 mm，超出时每个扣总分 5 分。 3. 不得在试板表面引弧，熄弧及被电弧擦伤，否则分扣 10 分。 4. 焊后不清理熔渣飞溅不予评分，清理不净时扣总分 10 分。 5. 外观检查不及格时，不再进行水压检验。			
考评员			总　分		

六、拓展训练

焊条电弧焊——水平固定管板焊接

【学习任务】

如图 2-2-12 所示，将焊件定位成骑座式管板固定焊，焊缝处于全位置焊位置。

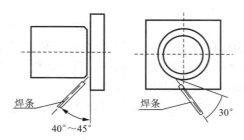

图 2-2-12 管板水平固定焊试件图

【任务分析】

管板水平固定焊包括仰焊、立焊、平焊三种焊接位置,又称全位置焊。管板水平固定焊,施焊时分两个半圈,各两层每半圈都存在仰、立、平三种不同位置的焊接。

特点:管件空间焊接位置沿环形焊缝不断发生变化;不易控制熔池形状;容易出现缺陷。

【任务处理】

一、焊前准备

(一)试件材料及尺寸

板材料为 16Mn 钢板,其尺寸为 100 mm×100 mm×12 mm,板中心钻直径为 50 mm 的通孔。管材料为 Q245R,其尺寸为 Φ60 mm×100 mm×5 mm,焊工技术等级考试和锅炉压力容器考试要求单面焊双面成形。

(二)焊条

选用 E5015 碱性焊条,规格 Φ2.5、Φ32,焊前经 350 ℃～400 ℃烘干,保温 1～2 h。烘干后的焊条放在焊条保温筒内随用随取,焊条在炉外停留时间不得超过 4 h;否则,焊条必须放在炉中重新烘干。焊条重复烘干次数不得多于 3 次。

(三)焊机

ZXE1-315 或 Ws-400。

(四)辅助工具

焊条保温筒、电焊防护面罩、锉刀、敲渣锤、钢丝刷、角向磨光机等。

二、操作步骤

(一)试件清理

为了防止焊接过程中出现气孔等缺陷,必须重视试件焊前的清理工作,最好用磨光机将试件坡口,外表面 15～25 mm、内表面 10～15 mm 范围内的铁锈、油污等打磨干净,直到露出金属光泽为止。

（二）装配与定位焊

试件装配定位所用的焊条和正式焊接时相同,装配定位时应留装配间隙,通常分别将直径为 2.5 mm 和 3.2 mm 的焊条去除药皮后,将焊条芯置于钢板上,再将钢管置于钢板上,这样就可保持 2.5 mm 和 3.2 mm 的装配间隙。

定位通常焊 3 处,按圆周方向均匀分布;也可只焊 2 处,第三处作为始焊位置,6 点和 12 点位置不允许定位焊。

（三）焊道分布及焊接工艺参数

管板水平固定焊焊道分两层两道,焊接工艺参数见表 2-2-11。

表 2-2-11　管板水平固定焊焊接工艺参数

焊接层次	焊条直径/mm	焊接电流/A
打底层	2.5	65~80
填充层	3.2	100~110

（四）打底焊（采用断弧焊）

在一般情况下,先焊右侧部分,因为以右手握焊钳时右侧便于在仰焊位置观察与焊接。

（1）在仰焊 6 点位置前 5~8 mm 处的坡口处内引弧,焊条在根部与板之间做微小的横向摆动,当母材熔化的铁水与焊条的熔滴连在一起后,然后进行正常手法进行。

（2）灭弧动作要快,不要拉长电弧,同时灭弧与燃弧时间要短。灭弧的频率为每分钟 50~60 次。每次重新引燃电弧时,焊条中心要对准熔池前沿焊接方向 2/3 处,每接弧一次焊缝增长 2 mm 左右。

（3）焊接时电弧在管和板上要稍作停留,并在板侧的停留时间要长一些。

（4）焊接过程中要使熔池大小的形状保持一致,使熔池中的铁水清晰明亮。熔孔始终深入每侧母材 0.5~1 mm。

（5）更换焊条时的连接,当熔池冷却后,必须将收弧处打磨出斜坡方向接头。

（6）收弧时,将焊条逐渐引向坡口斜前方,或将电弧往回拉一小段,再慢慢提高电弧,使熔池逐渐变小填满弧坑后熄弧。

（7）焊接技巧一看、二听、三准。

看:观察熔池形状和大小,并基本保持一致,熔池应为椭圆形。

听:注意听电弧击穿坡口根部发出的"噗噗"声,如果没有这种声音就是没焊透。

准:熔孔端点位置要准确。

（五）盖面焊

（1）清除打底焊道熔渣,特别是死角。

（2）盖面层焊接,可采用连弧或断弧焊。

（3）采用月牙形或横向锯齿形摆动。

（4）焊条摆动坡口边缘时,要稍作停留。

（六）焊后处理

清理盖面层熔渣及飞溅物，检查焊缝质量，分析问题，总结经验。

【评价标准】

管板水平固定焊质量评价标准与管板垂直固定焊质量评价标准相同，见表2-2-5。

项目三　空调格栅的焊接加工

一、项目描述

项目图样如图 2-3-1 所示。

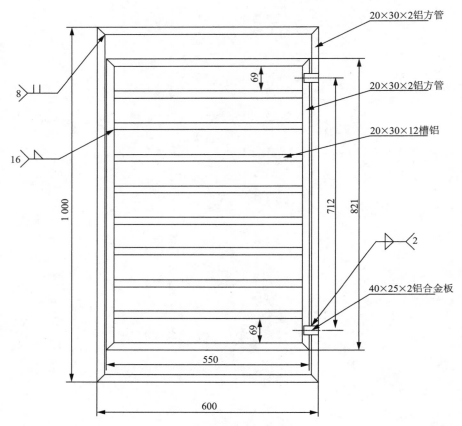

图 2-3-1　空调格栅图样

该产品名称是空调格栅,用来作为空调室外机的外罩使用,是德宏工贸公司大批量制造产品。该产品安装在居民小区里,要起到美观装饰作用,并要有一定的防护功能,所以要求外形工整、坚固耐用。产品材料是铝合金,由铝方管、铝板和槽铝三种型材焊接而成。

二、项目分析

铝合金型材的壁厚一般是 0.8 mm,1.0 mm,1.2 mm,2.0 mm,对接焊缝一般采用 I 型坡口(不开坡口),角焊缝焊角尺寸要求 2 mm 左右,焊缝要求美观,外形工整即可。根据产品材料、焊缝位置以及铝合金型材厚度要求,我们选用手工钨极氩弧焊进行加工生产。

手工钨极氩弧焊焊接铝合金和焊接其他材料相比,很容易出现焊接缺陷。焊前工件的表面清理、接头的装配、焊接材料、保护气体、电源、环境、焊接技术等因素有一个不到位,就很难得到满意的焊缝。操作者须严格遵守操作规程,并且要有较高的操作技能,才能焊接出质量合格、外观漂亮的产品。另外,手工钨极氩弧焊生产效率较低,而本产品要求是大批量生产,要制定切实可行的生产工艺,保证有较高的生产效率。

三、学习目标

(一)知识目标

1. 熟悉手工钨极氩弧焊有关理论知识。
2. 掌握铝合金钨极氩弧焊的焊接性能及焊接工艺与方法。
3. 掌握低碳钢钨极氩弧焊的焊接性能及焊接工艺与方法。

(二)技能目标

1. 熟练掌握钨极氩弧焊的基本操作。
2. 能够熟练对碳钢进行手工钨极氩弧焊焊接。
3. 能够熟练对铝及其合金进行手工钨极氩弧焊焊接。

四、技能训练

任务 1 薄铝板平对接钨极氩弧焊

【学习任务】

如图 2-3-2 所示,铝板 300 mm×100 mm×3 mm,每组两块焊缝置于水平位置,自右向左焊接。

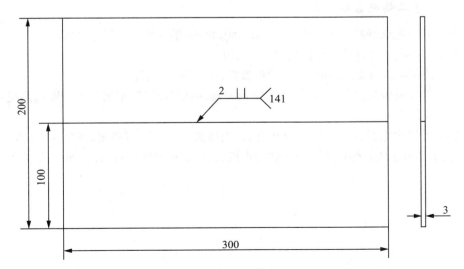

图 2-3-2 薄铝板平对接试件图

【任务分析】

　　铝及铝合金薄板焊接相对于碳素钢来说有一定的难度,由于铝合金从固态转变为液态颜色变化不明显,难以掌握熔池温度,稍有不慎就容易出现凹陷及烧穿。因此,要严格清理工件,去除焊件及焊丝表面的氧化膜,使之露出金属光泽,以避免因氧化膜的存在而影响焊接质量。由于铝及其合金极易氧化,所以对氩气的纯度要求较高,必须大于或等于 99.9%,焊接时注意对焊接区域的气体保护。

【任务处理】

一、相关知识

　　用钨极做电极,利用从喷嘴流出的氩气在电弧及焊接熔池周围形成连续封闭的气流,保护钨极、焊丝和焊接熔池不被氧化的手工操作称为氩弧焊,如图 2-3-3 所示。

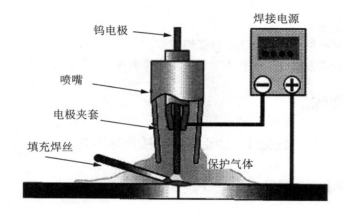

图 2-3-3　手工钨极氩弧焊

(一)手工钨极氩弧焊机

　　手工钨极氩弧焊机由焊接电源、控制系统、焊枪、供气系统等部分组成。

　　(1)焊接电源具有陡降特性的交、直流两用电源。

　　(2)控制系统包交流接触器、脉冲稳弧器、延时继电器等。

　　(3)供气系统包括氩气瓶、氩气流量调节器、电磁气阀等,电磁气阀能够起到提前供气和滞后停气的作用。

　　(4)焊枪由电极、陶瓷喷嘴、导气套筒、电极夹头、枪体、电极帽、导气管、导水管、控制开关、焊枪手柄等组成。焊枪的作用是传导电流、夹持钨极和输送氩气,如图 2-3-4 所示。

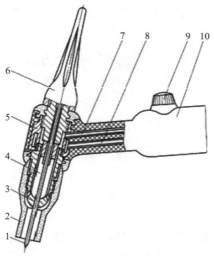

1.电极　2.陶瓷喷嘴　3.导气套筒　4.电极夹头　5.枪体　6.电极帽　7.导气管　8.导水管　9.控制开关　10.焊枪手柄

图 2-3-4　焊枪

（5）钨极起传导电流、引燃电弧、维持电弧正常燃烧的作用。目前所用的钨极材料主要有纯钨、钍钨和铈钨三种。使用小电流施焊时，磨削成圆锥形，如图 2-3-5a 所示；使用直流正接时，磨削成平底锥形，如图 2-3-5b 所示；使用交流氩弧焊时，钨极端部磨削成圆球形，以减少极性变化对电极的损耗，如图 2-3-5c 所示。

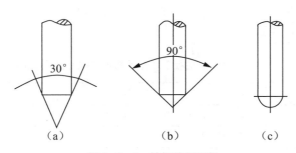

图 2-3-5　钨极端部形状

注意：磨削钨极时，就采用封闭式或抽风式砂轮机，操作人员戴口罩，磨削完毕应洗净手脸。

（二）铝及其合金焊接电源

1.采用交流电源

在焊接铝及其合金时，在它们的表面有一层致密的高熔点氧化膜，该氧化膜如不及时清除，将会造成未熔合、夹渣和气孔等缺陷。采用交流钨极氩弧焊时，可利用其"阴极破碎"作用，即负半波（工件为负，钨极为正）时利用阴极破碎去除氧化膜。另外，正半波（工件为正，多极为负）时，钨极因发热量低，可以得到冷却，以减少钨极的烧损。因此，交流钨极氩弧焊一般用来焊接氧化性强的铝及其合金。

注：钨极氩弧焊采用直流反接时，焊件为阴极，氩的正离子高速流向焊件，撞击焊件（铝、镁及合金）表面，将表面致密难熔的氧化膜（Al_2O_3、MgO）击碎并除去，使焊接顺利进行。这一

现象称为"阴极破碎"作用或"阴极雾化"作用或"阴极清理"作用。

2.可调脉冲宽度

在焊接时,高脉冲提供大电流值,这是在留有间隙的根部焊接时为完成熔透所需的;低脉冲可冷却熔池,这就可防止接头根部烧穿。脉冲作用还可以减少向母材的热输入,有利于薄铝件的焊接。

(三)焊接方法

(1)焊枪角度和运丝方法,和氩弧碳钢焊接基本相同。

(2)焊接铝合金时,焊枪采用直线断续移动方式。焊枪按一定的时间间隔停留和前移。一般是在停留时间送入焊丝,然后焊枪向前移动。焊接时,焊枪不做或少做横向摆动防止产生气孔和裂纹

(3)由于铝合金热导率高,为了减少变形,应采用比焊接碳钢快的焊接速度;采用快送、少送焊丝的方法,以避免焊丝熔合不良的缺陷,影响焊道成型美观;收弧时多送几滴熔滴或回焊几毫米左右,防止产生弧坑裂纹。

(4)焊接铝及合金时,钨极端部的形状要求是球形的。端部圆台形适用焊接低碳钢、低合金钢;端部圆锥形适用焊接不锈钢。

(5)由于铝合金凝固点低,焊接中,严禁振动、翻动,需要翻动时必须待焊缝金属冷却到300 ℃以下再轻轻翻动。

(6)焊件焊接时,应采取防变形措施。焊接顺序应对称进行;壁厚不等的焊件应采取加强拘束措施,防止应力不均匀。

(四)常见缺陷及成因

表 2-3-1 薄铝板平对接焊常见缺陷及成因

常见缺陷	成因
焊缝金属裂纹	1. 参数选择不合适,焊缝深宽比太大
	2. 熄弧不佳导致产生弧坑
近缝区裂纹	1. 近缝区过热
	2. 焊接热输入过大
焊缝气孔	1. 工件表面未清理干净,有氧化膜、油污、水分等
	2. 焊材表面有氧化膜、油污或焊材受潮
	3. 电弧太长,或套筒堵塞等导致气体保护效果欠佳
	4. 电弧电压太高,造成电弧分散,气体保护效果变差
咬边	1. 焊接速度太快
	2. 电弧电压太高,熔池过大
	3. 电流过大
	4. 电弧在熔池边缘停留时间不当
	5. 焊枪角度不正确
未熔合	1. 工件边缘或坡口区域清理不到位
	2. 热输入不足

续表

常见缺陷	成 因
未焊透	1. 接头设计不合适,坡口太窄或间隙太小等
	2. 焊接技术不当,电弧应处于熔池前沿
	3. 热输入不合适(电流太小或电压太高)
	4. 焊接速度太快
飞溅过大	1. 电弧电压过低或过高
	2. 工件表面清理不彻底
	3. 导电嘴磨损或送丝不稳定

二、操作要领

(一)焊前准备

(1)试板如图2-3-2所示,试板材料为铝合金板,尺寸为300 mm×100 mm×3 mm两块。
(2)焊材焊丝型号为SAlMg-5,直径2.5 mm。瓶装氩气,气体纯度99.9%以上。
(3)焊接设备 WS-300 型钨极氩弧焊机及其附属设备
(4)辅助工具电焊防护面罩、锉刀、敲渣锤、钢丝刷、角向磨光机等。

(二)操作步骤

1.焊前清理

检查钢板平直度,并修复平整。为保证焊接质量,需在坡口两侧正反面15 mm 内除锈、除油打磨干净,露出金属光泽。对焊丝也要用砂纸进行清理。

2.装配定位焊

在焊缝两端20 mm 范围内焊接定位,定位焊缝长度≤10 mm。装配及反变形,如图2-3-6所示。

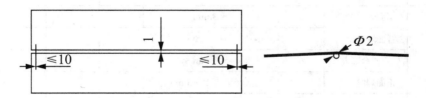

图2-3-6 装配及反变形

3.工艺参数

表2-3-2 铝合金平对接工艺参数

焊丝型号	钨极直径/mm	喷嘴直径/mm	干伸长度/mm	氩气流量/(L/min)	焊丝直径/mm	焊接电流/A
SAlMg-5	2.5	8~12	5~6	8~10	2.5	70~90

4．焊接过程

（1）引弧：在定位焊处用高频振荡引弧，电弧引燃并稳定燃烧后，再移到焊接处。保持喷嘴至焊接处一定距离并稍作停留，使母材形成熔池后再送丝。

（2）左向施焊：起焊时用焊丝触碰焊接部位进行试探，当觉得该部位变软有熔化迹象时立即添加焊丝。一般采用断续点滴填充法，向溶池边缘以滴状往复加入。送丝过程中，焊枪与焊丝的运作要协调，焊枪要控制一定的弧长且要平稳而均匀地前移。焊丝端部在钨极下方不可触及钨极。焊枪要对准坡口根部的中心线，避免焊缝偏移。焊接时要击穿根部打开熔孔，使坡口两侧各熔化 0.5～1 mm，以保证背面成形良好。遇到定位焊缝时抬高焊枪，使焊枪与焊件间的角度加大，以保证焊透。若焊件间隙变小时，则应停止填丝，压低电弧直接击穿焊件；当间隙变大时，应向熔池添加焊丝，加快焊接速度，以避免产生烧穿和塌陷。如果熔池有下沉现象，应将焊枪断电片刻，再重新引弧继续焊接。

（3）收弧和接头：一根焊丝用完后，焊枪暂不抬起，按下电流衰减开关，等待熔池缩小且凝固后再移开焊枪。左手迅速更换焊丝，将焊丝端头置于溶池边缘后，启动焊枪开关继续进行焊接。接头时，尽可能快速引弧，然后将电弧拉至收弧处，压低电弧直接击穿坡口根部，形成新的熔池后，添加焊丝再进行焊接。

（4）焊后清理：焊接完毕之后，用钢丝刷将焊渣、飞溅物等清理干净，使焊缝处于原始状态，并将焊枪连同输气管和控制电缆等盘好挂起，清理好现场。

【评价标准】

表 2-3-3　薄铝板平对接焊检查项目及评分标准

序 号	检查项目		配 分	标 准	自评分	小组评分	教师评分	总 分
1	焊前准备	劳动保护准备	2	个人及工作环境防护齐备				
2		试板焊丝清理	4	干净				
3		参数选择	4	正确				
4		装配定位焊	6	定位可靠反变形正确				
5	外观检查	正面焊缝余高	6	≤3 mm				
6		背面焊缝余高	6	≤2 mm				
7		正面余高差	6	≤2 mm				
8		正面焊缝宽度	6	大于坡口 1～3 mm				
9		宽度差	6	≤2 mm				
10		内凹	6	凹陷长度≤15 mm				
11		夹渣	6	无				
12		焊瘤	6	无				
13		未焊透	6	无				
14		错边	6	≤0.5 mm				
15		气孔	6	无				
16		咬边	6	≤0.5 mm				

续表

序　号		检查项目	配分	标　　准	自评分	小组评分	教师评分	总　分
17	焊后自查	焊后角变形	6	≤3°				
18		焊后清理	4	干净				
19		合理节约焊材	4	不浪费焊丝,及时关闭气瓶				
20		安全文明生产	4	服从管理,安全操作				
	总　分		100					

五、生产实习

一、生产图纸

如图 2-3-1 所示。

二、焊接流程

（一）下料

表 2-3-4　下料工艺卡

下料单							
简　图	序　号	型材名称	型材规格	下料尺寸	下料角度	数　量	技术要求
	1	铝方管	20×30×2	1 000	45°	2	长度误差不大于 ±1 mm,角度误差不大于 ±1°
	2	铝方管	20×30×2	821	45°	2	
	3	铝方管	20×30×2	600	45°	2	
	4	铝方管	20×30×2	550	45°	2	
	5	槽铝	20×30×1.2	510	90°	8	
	6	铝板	$t=2$	40×25	90°	2	

（简图中标注 45°±1°）

（二）打磨清理

打磨掉上道工序产生的毛刺,离坡口 15 mm 范围内清理干净。

（三）外框定位焊

表 2-3-5　外框定位焊工艺卡

焊接工艺卡			
工序名称	外框定位焊	简　图	技术要求
设　备	WSE-200-G		
工　装	直角拐尺		
坡口形状	I		1. 尺寸公差不超过 ±1 mm 2. 垂直度公差不超过 ±1°
焊缝种类	对接	(1 000 × 600 矩形框)	

续表

焊接工艺卡						
材料名称	壁厚	焊接方法	焊接电源		焊缝名称	焊接位置
			种类	极性		
铝合金	2 m	141	交流		定位焊	平对接
焊接工艺参数						
焊道	焊材型号	焊材直径/mm	焊接电流/A	钨极直径	气体流量/(L/min)	焊接速度/(m/min)
1	SAlMg-5	2.5	80	2.5	10	4~4.5

（四）外框焊合

表 2-3-6 外框焊合工艺卡

焊接工艺卡				
工序名称	外框焊合	简 图		技术要求
设 备	WSE-200-G			1. 尺寸公差不超过 ±1 mm
工 装				2. 垂直度公差不超过 ±1°
坡口形状	I			
焊缝种类	对接角接			
材料名称	壁厚	焊接方法	焊接电源		焊缝名称	焊接位置
			种类	极性		
铝合金	2 mm	141	交流		外框四角	平对接立角
焊接工艺参数						
焊道	焊材型号	焊材直径/mm	焊接电流/A	钨极直径	气体流量/(L/min)	焊接速度/(m/min)
1	SAlMg-5	2.5	80	2.5	10	4~4.5

（五）挡板焊接

以下工序,焊接工艺卡参照工序三和工序四。

（六）内框定位焊

（七）内框焊合

（八）槽铝定位焊

（九）槽铝焊合

（十）整形清理

（十一）质量检测

（1）尺寸检测:尺寸公差不超过 ±1 mm。

（2）形位公差检测：垂直度公差不超过 ±1°。

（3）焊缝外观检测：无虚焊、漏焊缺陷，焊缝不能有未焊透、气孔、裂纹等缺陷，飞溅、焊渣要打磨干净，焊缝要求打磨平整。

（4）产品外观要求工整，凭视觉不能观察出变形。

三、评价标准

表 2-3-7　空调格栅生产加工检查项目及评分标准

序　号	检查项目		配　分	标　准	得　分	检验员
1	焊前准备	劳动保护准备	2	着装工作服,防护齐备		
2		设备调试	2	正确连接电路和气路和调试设备		
3	工艺流程	图纸会审	4	看懂图纸,明确工艺		
4		下料清理	4	操作规范,清理彻底		
5		焊接	4	按工艺流程进行加工		
6		检测	4	明确检测项目		
7	焊缝外观检查	气孔	4	无		
8		咬边	4	深≤0.5 mm		
9		弧坑	4	填满		
10		焊瘤	4	无		
11		未焊透	4	无		
12		裂纹	4	无		
13		内凹	4	无		
14		未熔合	4	无		
15		焊缝高度	4	≤2 mm		
16		焊缝高度差	4	≤0.5 mm		
17		焊缝宽度	4	≤8 mm		
18		焊缝宽度差	4	≤1 mm		
19	质量评定	工件错边	5	无		
20		工件变形	5	放置划线平台,非接触点间隙≤1 mm		
21		尺寸精度	5	≤±1 mm		
22		垂直度	5	≤±1°		
23	焊后自查	合理节约焊材	5	不浪费焊丝,及时关闭气瓶		
24		安全文明生产	5	服从管理,安全操作		
总　分			100			

项目评价说明：

① 焊缝外观检查栏目中有四处单项得分低于本单项所占分数的 60%，本项目便视为不合格产品。

② 质量评定栏目中有一处单项得分低于本单项所占分数的 60%,本项目便视为不合格产品。

③ 总分低于 70 分,便视为不合格产品。

④ 总分高于 70 分,视为合格产品,总分高于 80 分,便视为优秀产品。

六、拓展训练

Q235 钢板 V 形坡口平对接钨极氩弧焊

【学习任务】

如图 2-3-7 所示,Q235 钢板 300 mm×120 mm×8 mm,每组两块,焊缝置于水平位置,自右向左焊接。

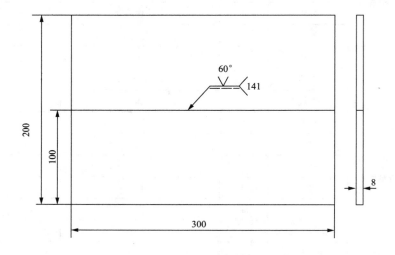

图 2-3-7　Q235 钢板 V 形坡口平对接试件图

【任务分析】

Q235 钢板 V 形坡口平对接手工钨极氩弧焊时,焊缝置于水平悬空位置。采用左向焊法时,可以清晰地观察到坡口根部的熔化状态,操作方便。但液态金属受重力影响,坡口根部易烧穿,焊缝背面余高易过大,严重时产生下坠甚至产生焊瘤。因此,必须严格控制熔池温度,电弧熔化坡口根部的速度应和焊丝的填充速度配合良好。

【任务处理】

一、相关知识

(一)焊接工艺参数

焊接工艺参数包括焊接电源种类和极性、钨极直径、焊接电流、电弧电压、氩气流量、喷嘴直径、喷嘴至工件距离、钨极伸出长度等。

1. 焊接电源种类和极性

焊接电源的种类和极性可根据工件材质进行选择,见表2-3-8。采用直流正接时,焊件接正极,温度较高,适于焊接厚件及散热快的金属;钨极接负极,温度低,钨极烧损小。直流反接时,钨极接正极,温度高,烧损大,很少采用。采用交流电源,既有"阴极破碎作用",又能减少钨极烧损,适合焊接铝及其合金。

表2-3-8　焊接电源种类和极性

电源种类和极性	被焊金属材料
直流正接	碳钢、低合金高强度钢、不锈钢、耐热钢、铜、钛及其合金
直流反接	很少采用
交流电源	铝、镁及其合金

2. 钨极直径

如果钨极直径选择不当将造成电弧不稳、钨极烧损严重和焊缝夹钨,应根据电流种类和大小选取相应的钨极直径,见表2-3-9。

表2-3-9　钨极直径

电源极性	直流正接					交流电源				
许用电流/A	50～80	70～150	150～250	250～400	400～500	20～60	60～120	100～180	160～250	200～320
钨极直径/mm	1	1.6	2.4	3.2	4.0	1	1.6	2.4	3.2	4.0

3. 焊接电流

通常根据工件材料的性质、板厚和结构特点来选取焊接电流种类和大小。焊接电流的选择应保证单位时间内给焊缝适宜的热量。可通过观察电弧情况来判断焊接电流是否合适。正常时,钨极端部呈熔化状的半球形,此时电弧稳定、焊缝成形良好;电流过小时,钨极端部电弧偏移,此时电弧不稳定。电流过大时钨极端部发热,钨极熔化部分脱落到熔池中形成夹钨等缺陷,并且电弧不稳、焊接质量差,如图2-3-8所示。

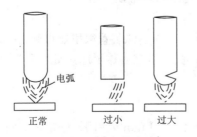

图2-3-8　焊接电流

4. 电弧电压

电弧电压由弧长决定,电弧长电压高。弧长增加,焊缝宽度增加,熔深减少,气体保护效果随之变差,甚至产生焊接缺陷。一般情况下,应尽量采用短弧焊。

5. 焊接速度

焊接速度增大时,焊缝的余高以及焊缝宽度都相应减小,同时还会影响氩气对熔池的保护。当焊接速度太快时,气体保护受到破坏,焊缝容易产生未焊透和气孔。如果焊接速度太慢,会产生凹陷、烧穿等现象。在焊接电流一定的情况下,焊接速度应根据熔池大小、形状和焊件熔合情况随时调节,以保证单位时间内给焊缝适宜的热量。

6. 喷嘴直径及氩气流量

喷嘴直径与氩气流量在一定条件下有一个最佳配合范围。在这个配合范围下,有效保护区最大,气体保护效果最佳。若保护气体流量过小,排除周围空气的能力差,保护效果不好;流量过大,易卷入空气,保护效果也差。同样,保护气体流量一定时,喷嘴直径过小或过大,保护效果均不好。喷嘴直径(D)与钨极直径(d)的关系有以下经验公式:

$$D = 2d + E \qquad \text{式中：} E = 2 \sim 5 \text{（mm）。}$$

7. 钨极伸出长度

钨极伸出长度一般为 $3 \sim 4$ mm 为宜。如果伸出长度增加,喷嘴距焊件的距离增大,氩气保护效果会受影响。

8. 喷嘴至焊件距离

一般为 $8 \sim 12$ mm。这个距离影响氩气保护区域的大小。如果采用摇把技术,喷嘴一侧要接触工件。

（二）手工钨极氩弧焊操作要点

1. 引弧

引弧的方式有以下两种。

（1）接触引弧法：

将钨极在引弧板上轻轻接触或轻轻划擦,将电弧引燃,燃烧平稳后移至焊缝上。这种方法容易使钨极端部烧损,电弧不稳,如果在焊缝上直接引弧,容易引起焊缝夹钨,因此不推荐接触法引弧。只有在线路较长或高频功率太小,电弧不易引燃,使用电流较大,钨极端部引燃后能很快恢复稳定燃烧(交流氩弧焊)时可以采用。

（2）非接触引弧法：

利用氩弧焊机的高频或脉冲电流引弧装置来引燃电弧,是理想的引弧法。但引弧需在焊口内起焊点前方 1.0 mm 左右进行,引燃后移至起焊处,不可在焊缝处引弧,以免造成弧坑斑点,引起腐蚀或裂纹。

2. 接头

接头必须在起焊处的前方 $5 \sim 10$ mm 处引弧,稳定之后将电弧移到起焊处起焊,重叠处要少加焊丝,以保证接头处厚度和宽度一致。

3. 收弧

收尾不当,易引起弧坑裂纹、烧穿、缩孔等缺陷,影响焊缝质量。常用的收弧方法有:利用衰减装置,逐渐减小电流收弧;无衰减装置,可采用多次熄弧法或减小焊炬与工件夹角,拉长电弧的方法收弧。

4. 右焊法与左焊法

右焊法适用于厚件的焊接,焊枪从左向右移动,电弧指向已焊部分,有利于氩气保护焊缝表面不受高温氧化;左焊法适用于薄件的焊接,焊枪从右向左移动,电弧指向未焊部分,有预热作用,容易观察和控制熔池温度,焊缝成形好,操作容易掌握。一般情况下都采用左焊法。

5. 焊丝送进方法

以左手拇指、食指捏住焊丝,并用中指和虎口配合托住焊丝便于操作的部位。需要送丝时,将捏住焊丝弯曲的拇指和食指伸直,稳稳地将焊丝送入焊接区,然后借助中指和虎口托住焊丝,迅速弯曲拇指、食指,向上倒换捏住焊丝。如此反复完成焊丝的送进,如图2-3-9所示。

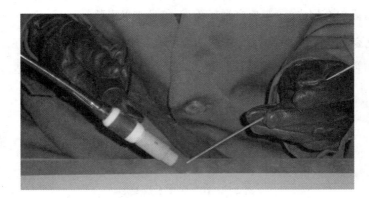

图2-3-9　焊丝送进方法

6. 焊丝加入熔池的方法

手工钨极氩弧焊焊丝加入熔池的方式对焊接质量极为重要。根据不同的材质,不同的焊接位置、焊丝送入的时机以及送入熔池的位置、角度和深度可分为两种。

（1）断续送丝法:

焊接时,将焊丝末端在氩气保护层内往复断续地送入熔池的$1/3\sim1/4$处。焊丝移出熔池时不可脱离气体保护区,送入时不可接触钨极,不可直接送入弧柱内。这种方法使用电流较小,焊接速度较慢。

（2）连续送丝法:

在焊接时,将焊丝插入熔池一定位置,随着焊丝的送进,电弧同时向前移动,熔池逐渐形成。这种方法使用电流较大,焊接速度快,质量也较好,成形也美观,但需要熟练的操作技术。

二、焊前准备

（一）试板

如图2-3-7所示,试板材料为Q235钢,尺寸为300 mm×100 mm×8 mm两块。

（二）焊材

焊丝型号为 ER49-1（牌号为 H08Mn2SiA），直径 2.5 mm。瓶装氩气，气体纯度 99.5%以上。

（三）焊接设备

WS-300 型钨极氩弧焊机及其附属设备。

（四）辅助工具

电焊防护面罩、锉刀、敲渣锤、钢丝刷、角向磨光机等。

三、操作步骤

（一）焊前清理

检查钢板平直度，并修复平整。为保证焊接质量，需在坡口两侧正反面 15 mm 内除锈、除油，打磨干净，露出金属光泽，避免产生气孔、裂纹且难以引弧。

（二）装配定位焊

在焊缝两端 20 mm 范围内焊接定位，定位焊缝长度 ≤10 mm。装配及反变形如图 2-3-10 所示。

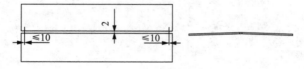

图 2-3-10　装配及反变形

（三）工艺参数

表 2-3-10　平对接工艺参数

层　次	钨极直径/mm	喷嘴直径/mm	干伸长/mm	氩气流量/(L/min)	焊丝直径/mm	焊接电流/A
打底层	2.5	10～14	6～8	8～10	3	90～100
填充层	2.5	10～14	6～8	8～10	3	90～100
盖面层	2.5	10～14	6～8	8～10	3	100～110

（四）焊接过程

1. 打底焊

在试件右端固定点引弧，焊枪与焊缝横向垂直，与焊缝方向成 75°～80°角，电弧长度为 2～3 mm，焊丝端部进入氩气保护范围，待固定点熔化后小锯齿摆动焊枪向右移动，至固定点低端电弧稍作停顿，击穿根部打开熔孔，使坡口两侧各熔化 0.5～1 mm，迅速将焊丝填入熔池，熔入一滴铁水后将焊丝退出，焊丝端部不得离开氩气保护范围，利用电弧外围预热焊丝，焊枪做小锯齿形向右摆动，电弧将熔池铁水带到坡口两侧稍作停顿，使其熔合良好，避免因焊缝中间温度过高熔池下坠,造成背面焊缝余高过大,焊缝正面中间凸起两侧形成沟槽,如图2-3-11 所示。

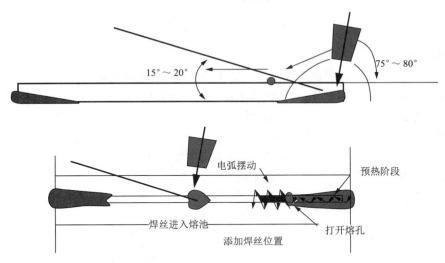

图 2-3-11　打底焊

正常焊接时,电弧每摆动一次交替填加焊丝一滴,焊丝只做填入和退出,不做横向摆动,电弧只做横向摆动和向前移动,不允许上下跳动,即要保证电弧长度不变。摆动幅度、前移尺寸大小要均匀。电弧的 2/3 在正面熔池;电弧的 1/3 通过间隙在坡口背面,用来击穿熔孔,保护背面熔池。焊接过程中,注意观察并控制熔孔大小保持一致在 0.5～1 mm。当发现熔池颜色变白亮时,要加快摆动和前移步伐,加快焊丝填入频率和熔入焊丝时间,以降低熔池温度。

焊接过程中,注意观察熔池的形状,正常形状为半圆形。若熔池变为桃形或心形,说明熔池中部温度过高,铁水开始下坠,背面余高增大甚至产生焊瘤,此时应加大电弧前移步伐,增长坡口两侧停顿时间;若熔池成椭圆形表明热输入不足,根部没有熔合,应减小电弧前移步伐,放慢填加焊丝频率,如图 2-3-12 所示。

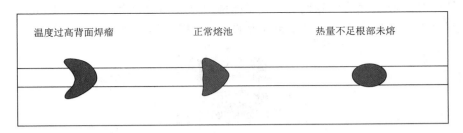

图 2-3-12　熔池形状

氩弧焊接头,比较容易与起焊时相同,但收弧时一定要等熔池完全冷却后再移开焊枪,让熔池在氩气保护下冷却,否则易出现气孔,一旦出现必须打磨掉再焊。收尾时,如果采用 4 步操作法,使用衰减电流,可完成焊接收尾;如果采用 2 步操作法,可回焊收尾,逐渐提高电弧长度,熔池逐渐缩小,如图 2-3-13 所示。

图 2-3-13　打底焊的收尾

2. 填充焊

用钢丝刷清理去除底层焊缝氧化皮。修磨钨极端部，清理喷嘴污物。在试件右端引燃电弧，调整电弧长度并稍作停顿，预热试件端部，待形成熔池，锯齿摆动电弧，焊丝交替摆动填入熔池，（即焊丝紧跟电弧在坡口两侧熔池填入焊丝），焊枪角度、焊丝角度与打底层基本相同，电弧比打底层摆动幅度大，摆动速度稍慢，坡口两边稍作停顿。电弧前移步伐大小，以焊缝厚度为准，为 2/3～1/2 熔池大小。观察熔池长大情况，距棱边高 1～1.5 mm 为宜，决定电弧前移步伐和焊丝填加频率大小，以不破坏坡口棱边为好，为盖面层留作参考基准，如图 2-3-14 所示。

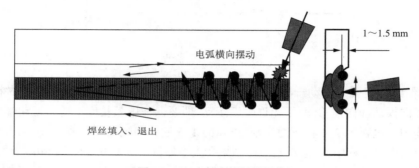

图 2-3-14　填充焊焊接操作

接头时，在坑前方 5 mm 处引燃电弧，回移电弧预热弧坑，当重新熔化弧坑并形成熔池时填加焊丝并转入正常焊接。

3. 盖面焊

与填充层相同，电弧在坡口两边停顿时间稍长，电弧要熔入棱边 0.5～1 mm，填充焊丝要饱满，避免咬边缺陷，焊缝余高约 2 mm，如图 2-3-15 所示。

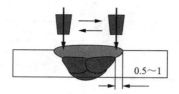

图 2-3-15　盖面焊缝的形状

4. 焊后清理

焊接完毕之后，用钢丝刷将焊渣、飞溅物等清理干净，使焊缝处于原始状态。并将焊枪连同输气管和控制电缆等盘好挂起，清理好现场。

【评价标准】

表 2-3-11　V 形坡口平对接焊检查项目及评分标准

序　号	检查项目		配　分	标　准	自评分	小组评分	教师评分	总　分
1	焊前准备	劳动保护准备	4	个人及工作环境防护齐备				
2		试板外表清理	4	干净				
3		参数选择	6	正确				
4		装配定位焊	6	定位可靠反变形正确				
5	外观检查	正面焊缝余高	6	≤3 mm				
6		背面焊缝余高	6	≤2 mm				
7		正面余高差	6	≤2 mm				
8		正面焊缝宽度	6	大于坡口 1～3 mm				
9		宽度差	6	≤2 mm				
10		内凹	6	凹陷长度≤15 mm				
11		夹渣	6	无				
12		焊瘤	6	无				
13		未焊透	6	无				
14		错边	6	≤0.5 mm				
15		气孔	6	无				
16		咬边	6	≤0.5 mm				
17	焊后自查	焊后清理	4	干净				
18		合理节约焊材	4	不浪费焊丝,及时关闭气瓶				
19		安全文明生产	6	服从管理,安全操作				
总　分			100					

项目四　储气罐的焊接

一、项目描述

（一）储气罐外形图（如图 2-4-1 所示）

图 2-4-1　储气罐外形图

（二）储气罐生产图纸（如书后折页图 2-4-2 所示）

储气罐是指专门用来储存气体的设备,同时起稳定系统压力的作用;根据储气罐的承受压力不同,可以分为高压储气罐、低压储气罐、常压储气罐。

本次生产的设备为储气罐,属于一类压力容器,筒体内径Φ550 mm,筒体高度1 880 mm,罐体壁厚为6 mm,生产数量为一台。

二、项目分析

该项目共分为15道工序:① 环缝组对（筒体与上封头）;② 环缝焊接;③ 无损探伤;④ 环缝组对（筒体与下封头）;⑤ 壳体开孔;⑥ 环缝焊接（筒体与下封头）;⑦ 无损检测;⑧ 接管与法兰组装;⑨ 接管焊接;⑩ 安装铭牌座;⑪ 无损检测;⑫ 总体检查;⑬ 水压试验;⑭ 油漆、包装;⑮ 安装铭牌。

筒体是用厚度为 6 mm 的钢板卷制后焊接而成,该焊缝为 A_1 焊缝;筒体两端焊接封头各一个,该焊缝为 B_1、B_2 焊缝;上端封头上接有一个安全阀座和两个吊耳护板,分别为 D_1 和 E_2、E_3 焊缝;下端封头接有一个管座和三个支座护板,分别为 D_2 和 E_4、E_5、E_6 焊缝;筒体上接有两个接管,分别为 D_5、D_6 焊缝,该接管都分别连接一个法兰,分别为 C_1、C_2 焊缝;筒体上还接有一个压力表座和一个接头,分别为 D_3、D_4 焊缝;铭牌座焊接在筒体上,为 E_1 焊缝。

A_1 焊缝由氩弧焊打底层焊接,焊条电弧焊填充层和盖面焊接,纵缝焊接后校圆;B_1、B_2 焊缝由焊条电弧焊和埋弧焊焊接,A_1、B_1、B_2 焊缝焊后进行 X 射线探伤,按无损检测工艺进行,探伤长度不小于该焊缝长度的 ≥20%,且最小检测长度 ≥250 mm(以开孔为中心开孔直径为半径划圆包容的 A、B 类焊接接头 100%探伤),符合 JB/T4730—2005 标准Ⅲ级为合格;C_1、C_2 焊缝,D_1、D_2、D_3、D_4、D_5、D_6 焊缝,E_1、E_2、E_3、E_4、E_5、E_6 焊缝均由焊条电弧焊焊接,焊后进行 100%磁粉检测,符合 JB/T4730.4—2005 标准Ⅰ级合格。

焊接方法采用焊条电弧焊、埋弧自动焊、钨极氩弧焊,接头形式为对接、角接,焊缝质量易于保证,焊缝位置分布合理,施焊方便,有利于焊后检查,具有良好的工艺性。

三、学习目标

(一)知识目标

1. 识读焊接图,了解焊接结构件的形状和装配关系,熟悉各种焊接符号的意义。
2. 了解碳弧气刨基本知识。
3. 了解埋弧焊基本知识。
4. 了解产品工艺流程知识。

(二)技能目标

1. 掌握焊条电弧焊板对接仰焊技术。
2. 掌握焊条电弧焊对接管垂直固定焊技术。
3. 掌握焊条电弧焊管对接水平固定焊技术。
4. 掌握埋弧自动焊的对接环缝焊接技术。

四、技能训练

任务 1　焊条电弧焊——平板对接仰焊技术

【学习任务】

根据图 2-4-3 可知,本任务为 300 mm×120 mm×12 mm 两块,V 形坡口对接仰焊,坡口角度 60°,坡口间隙、钝边自定。

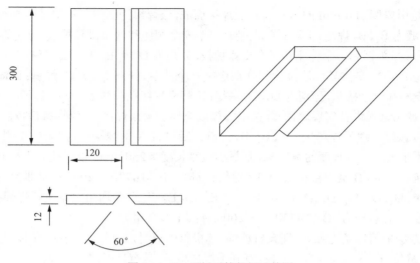

图 2-4-3   平板对接仰焊试件图

【任务分析】

仰焊时由于熔池倒挂,焊缝成形相当困难;而且在焊接过程中,经常产生熔渣超前的现象,所以在控制运条方面比平焊、立焊都困难些。仰焊时,必须保持最短的电弧长度,采用稍快的焊接速度进行焊接,以确保熔滴尽快过渡到熔池中,从而防止熔化金属向下垂落。焊条直径和焊接电流的选择要比平焊时小些,以减小熔池体积。同时,若焊接电流太小,会造成根部未焊透、夹渣和焊缝成形不良的缺陷。因此,与立焊相比,仰焊的焊接电流要比立焊时要大些。

仰焊的熔池处于水平位置且倒挂,熔池温度不宜过高,电弧作用时间不宜太长,熔池不易太厚;否则,表面张力减小,在重力作用下熔池下坠,造成背面下凹,正面焊肉太厚,甚至出现焊瘤。温度也不宜过低,否则由于热输入不足,不能击穿熔孔,会造成未熔合,夹渣等缺陷。仰焊熔孔效应明显,但由于熔池倒挂,背面难于凸起,所以操作运条时要有向上的推顶动作,电弧作用时间不宜太长,焊道不宜太厚。

Q345 钢属于中等强度等级,一般用在重要结构上,选用 E5015(J507)碱性焊条施焊;采用断弧打底焊,打底焊焊道越薄越好,采用较大电流、较快频率焊接,对操作技术和熟练程度要求较高。

【任务处理】

一、焊前准备

(一)试件材料及尺寸

试件材料可选用 Q345、Q245R 钢板。焊工技术等级考试和锅炉压力容器考试要求单面焊双面成形,选用钢板的尺寸为 300 mm×120 mm×12 mm,60°的 V 形坡口,如图 2-4-3 所示。

（二）焊条

选用 E5015 碱性焊条，规格 ϕ3.2，焊前经 350℃～400℃烘干 1～2 h。烘干后的焊条放在焊条保温筒内随用随取，焊条在炉外停留时间不得超过 4 h；否则，焊条必须放在炉中重新烘干。焊条重复烘干次数不得多于 3 次。

（三）焊机

ZXE1-315 或 Ws-400。

（四）辅助工具

焊条保温筒、电焊防护面罩、锉刀、敲渣锤、钢丝刷、角向磨光机等。

二、操作步骤

（一）试件清理

为了防止焊接过程中出现气孔等缺陷，必须重视试件焊前的清理工作，最好用角向磨光机将试件正面和背面坡口两侧 20 mm 范围内的铁锈、油污等打磨干净，直到露出金属光泽为止。

（二）装配与定位焊

试件装配定位所用的焊条和正式焊接时相同，装配间隙始焊端 3.2 mm，终焊端 4 mm；错边量≤0.8 mm；定位焊缝在试件两端，定位焊要牢固，定位焊缝长为 10～15 mm（定位焊缝在正面焊缝处），防止焊接过程中产生过大的变形。

为了保证试件焊接后的平直度的要求，应该在焊接前预制反变形，反变形角度 3°～5°。预制方法是在定位焊后，双手拿住试件并使其正面向下，轻轻在铁制工作台上敲击，直到达到反变形角度要求。

（三）焊接工艺参数

V 形坡口板对接仰焊焊接工艺参数见表 2-4-1。

表 2-4-1 V 形坡口板对接仰焊焊接工艺参数

焊缝层次	焊条直径/mm	焊接电流/A
打底层	3.2	95～100
填充层	3.2	110～120
盖面层	3.2	105～115

（四）打底层的焊接

仰焊是焊接位置中最困难的一种，熔池金属易下坠而使正面产生焊瘤，背面易产生凹陷。因此操作时，必须采用最短的电弧长度。仰焊时一定要注意保持正确的操作姿势，焊点不要处于人的正上方，应为上方偏前，且焊缝偏向操作人员的右侧。试板固定在水平面内，坡口向下，大间隙端靠近操作者在上，小间隙端远离操作者在下，高度超过操作者头顶。

选择合适的操作位置,以自然放松、运条舒适灵活为宜。从间隙较小的一端开始焊接,采用灭弧法打底。打底焊焊条的角度如图2-4-4所示。关键是保证背面焊透,下凹小,正面平。焊条接负极,稍加推力电流,反握焊钳,在定位焊点端部引弧、预热、摆动至固定点斜坡底部压低电弧,击穿后作向上顶的动作,并稍作停顿,形成熔池后向侧前方断弧,观察熔池温度变化;待熔池稍冷,颜色变暗,迅速在熔池与熔孔间引燃电弧,向上顶稍停,击穿根部并适当摆动以使坡口两侧良好熔合,避免焊缝两侧产生夹沟,然后向侧前方断弧。注意燃弧时间不宜太长,以避免熔池温度过高而使铁水下坠,如图2-4-4所示。焊接过程中要始终保持短弧焊接,利用电弧吹力将熔滴送入熔池,采用小幅度锯齿形摆动,在坡口两侧稍停留,保证焊缝根部焊透。要求引弧准确,断弧利落。每次引弧后电弧要覆盖熔池1/2～2/3,1/3～1/2电弧击穿熔孔,保护背面熔池。横向摆动幅度要小,摆幅大小和前进速度要均匀,停顿时间与其他焊接位置稍短些,使熔池尽可能小而且浅,以防熔池金属下坠,造成焊缝背面下凹,正面出现焊瘤。

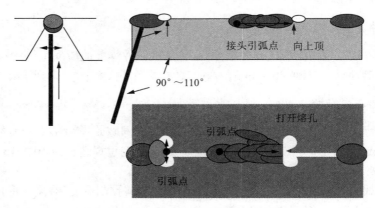

图2-4-4　打底焊

收弧方法:每当焊完一根焊条要收弧时,应使焊条向试件的左或右侧回拉10～15 mm,并迅速提高焊条熄弧,使熔池逐渐减小,填满弧坑并形成缓坡,以避免在弧坑处产生缩孔等缺陷,并有利于下一根焊条的接头。

更换焊条进行中间焊缝接头的方法有热接和冷接两种。热接接头的焊缝较平整,可避免接头脱节和未接上等缺陷;冷接在施焊前,先将收弧处焊缝打磨成缓坡状,然后按热接法的引弧位置、操作方法进行焊接。

(五)填充层的焊接

必须保证坡口面熔合好,焊道表面平整。填充层在施焊前,应将前一层的熔渣、飞溅物清除干净,焊缝接头处的焊瘤应打磨平整。焊条角度和运条方法均同打底层。但焊条横向摆动幅度比打底层宽,并在平行摆动的拐角处稍作停顿,电弧要控制短些,使焊缝与母材熔合良好,避免夹渣。焊接第二层填充层时,必须注意不能损坏坡口的棱边。焊缝中间运条速度要稍快,两侧稍作停顿,形成中部凹形的焊缝。填充层焊完后的焊缝应比坡口上棱边低1 mm左右。但不能熔化坡口的棱边,以便焊盖面层时好控制焊缝的平直度。焊接时要注意分清金属液和熔渣,并控制熔池的形状、大小和温度,使焊缝表面平整(焊接速度要稍快,焊肉要薄,使之很快冷却而不会形成焊瘤)。

（六）盖面层的焊接

仰焊最易产生的缺陷是咬边，要控制好盖面焊道的外形尺寸，并防止咬边与焊瘤。盖面层在施焊前，应将前一层熔渣和飞溅清除干净。施焊的焊条角度与运条方法均同填充层的焊接，但焊条水平横向摆动的幅度比填充层更宽，摆至坡口两侧时应将电弧进一步缩短，并稍作停顿。注意两侧熔合情况，以避免咬边。注意焊接始终要有向上推顶的动作。

接头时，动作要快，在弧坑前方引燃电弧，快速拉回到弧坑处沿弧坑边缘轮廓摆动一次，转入正常焊接，焊缝结尾，由于温度升高，可用断弧焊收尾。

（七）焊后清理

焊接完毕之后，用敲渣锤清除焊渣，用钢丝刷进一步将焊渣、飞溅物等清理干净，使焊缝处于原始状态，在交付检验前不得对各种缺陷进行修补。

【评价标准】

表 2-4-2　平板对接仰焊检查项目及评分标准

检查项目	标准、分数	焊缝等级				自评	组评	师评	得分
		Ⅰ	Ⅱ	Ⅲ	Ⅳ				
焊缝余高	标准/mm	0~1	>1，≤2	>2，≤3	>3，<0				
	分数	6	4	2	0				
焊缝高低差	标准/mm	≤1	>1，≤2	>2，≤3	>3				
	分数	4	3	1	0				
焊缝宽度	标准/mm	≤20	>20，≤21	>21，≤22	>22				
	分数	3	2	1	0				
焊缝宽窄差	标准/mm	≤1.5	>1.5，≤2	>2，≤3	>3				
	分数	4	2	1	0				
咬边	标准/mm	0	深度≤0.5且长度≤15	深度≤0.5且长度>15，≤30	深度>0.5或长度>30				
	分数	10	8	6	0				
未焊透	标准/mm	0	深度≤0.5且长度≤15	深度≤0.5且长度>15，≤30	深度>0.5或长度>30				
	分数	6	5	3	0				
背面焊缝凹陷	标准/mm	0	深度≤0.5且长度≤15	深度≤0.5且长度>15，≤30	深度>0.5或长度>30				
	分数	4	3	2	0				
错边量	标准/mm	0	≤0.7	>0.7，≤1.2	>1.2				
	分数	4	2	1	0				

续表

检查项目	标准、分数	焊缝等级				自评	组评	师评	得分
		Ⅰ	Ⅱ	Ⅲ	Ⅳ				
角变形	标准/mm	0—1	≥1,≤3	>3,≤5	>5				
	分数	4	3	2	0				
焊缝正面外表面成形		优	良	一般	差				
	标准/mm	成形美观,焊纹均匀细密,高低宽窄一致	成形较好,焊纹均匀,焊缝平整	成形尚可,焊缝平直	焊缝弯曲,高低宽窄明显,有表面焊接缺陷				
	分数	5	3	1	0				

任务 2　焊条电弧焊——小径管垂直固定焊

【学习任务】

根据图 2-4-5 可知,本任务为两块 Φ60 mm × 100 mm × 5 mm 无缝钢管垂直固定焊,坡口角度为 60°,坡口间隙、钝边自定。

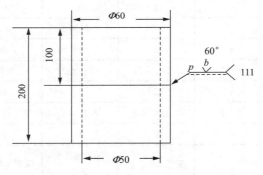

图 2-4-5　小径管垂直固定焊试件图

【任务分析】

小径管垂直固定焊与板的横焊基本相同,不同的是小管对接由于管直径小,焊接时焊条角度要随管的周向不断变化,使焊接难度增大。由于管壁较薄,电弧极易击穿根部,熔池温度上升过快,熔池易从内侧下坠形成焊瘤。

【任务处理】

一、焊前准备

(一)试件材料及尺寸

Q245R 无缝钢管,管外径 Φ60 mm,管内径 50 mm,长度 100 mm,坡口角度为 60°,每组两件。

(二)焊条

选用 E5015 碱性焊条,规格 Φ2.5,焊前经 350℃～400℃烘干 1～2 h。烘干后的焊条放在焊条保温筒内随用随取,焊条在炉外停留时间不得超过 4 h;否则,焊条必须放在炉中重新烘干。焊条重复烘干次数不得多于 3 次。

(三)焊机

ZXE1-315 或 Ws-400。

(四)辅助工具

焊条保温筒、电焊防护面罩、锉刀、敲渣锤、钢丝刷、角向磨光机等。

二、操作步骤

(一)清理试件

为了防止焊接过程中出现气孔,必须重视对焊件的清理工作,定位焊前必须清除管子坡口面和坡口两侧管壁上 20 mm 内的油、氧化物、铁锈等污物,打磨干净至露出金属光泽为宜。

(二)定位装配

对口时,管道轴线必须对正。用 E5015,Φ2.5 mm 焊条进行定位焊。点焊电流稍大于施焊电流。装配间隙 2～2.5 mm,错边≤0.4 mm,定位焊必须以薄透为好,点焊两处,如图 2-4-6 所示。

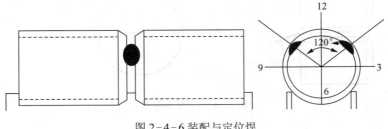

图 2-4-6 装配与定位焊

(三)焊接层次及焊接工艺参数

壁厚为 5 mm 管子的垂直固定焊,焊接层次分两层两道或两层三道,如图 2-4-7 所示。

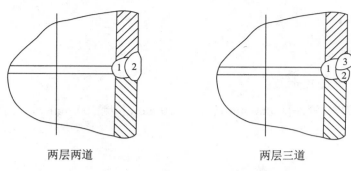

两层两道　　　　　　　　　　　　两层三道

图 2-4-7 小径管垂直固定焊的焊接层次

焊接工艺参数和操作方法见表 2-4-3。

表 2-4-3 　5 mm 管子的垂直固定焊焊接工艺参数和操作方法

焊接层次	焊条直径/mm	操作方法	焊接电流/A
打底层	$\Phi2.5$	断弧焊	70～80
盖面层		连弧焊	70～85

（四）打底层的焊接

1. 引弧

先在试弧板上调好电流,直至所需电流大小为止。一切正常后可在定位焊前 45° 处的坡口下侧划擦引弧,待电弧稳定燃烧后焊至坡口中心,尽量压低电弧,并稳弧 1～2 s。当管口发出电弧击穿声后,立即进入正常运条。

2. 运条

可采用直线往返形运条法焊接或斜圆圈运条法。选用偏小的焊接电流,短弧操作,焊接速度稍快,但要均匀。第一层焊时,熔池形状始终保持为椭圆形,熔池的前端始终有一焊条直径 1.5 倍的熔孔,焊条与管轴线夹角如图 2-4-8 所示。

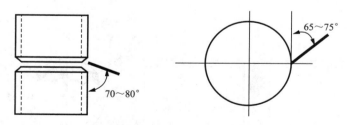

图 2-4-8 　焊条角度

3. 接头

采取热接。当弧坑尚处红热状态时,在离弧坑后 10～15 mm 处,引弧焊到收弧处,电弧往熔孔里伸进稍作停留。此时焊条恢复原运条角度,接头动作越快越好。

4. 收弧方法

当焊条移到焊缝终点时,采取回焊收尾法,将弧坑填满后熄弧。

（五）盖面层的焊接

盖面层焊接工艺参数见表2-4-2，盖面层应保证平整、尺寸合格。

焊接前，将前一层的焊渣及飞溅物清理干净，将焊缝接头处打磨平整，然后进行焊接。盖面层采用连弧焊，可焊一道，也可焊两道。

（1）盖面层焊一道时，盖面层焊条角度与打底层相同，用斜锯齿形或斜月牙形运条，使下边缘超前半个熔池，以防止液态金属下坠，同时应保证下边缘熔合良好。为防止上边缘出现咬边，应采用短弧焊，并在上边缘适当停留。

（2）盖面层焊两道时，焊条与工件的夹角如图2-4-9所示，应采用直线形运条方式。

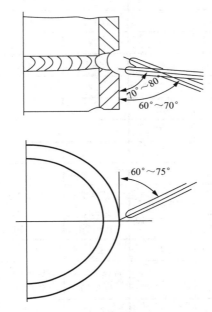

图2-4-9　盖面层两道施焊时焊条角度

先焊焊道2，焊完后不敲渣，接着再焊焊道3。焊盖面层下道时，电弧应对准打底层焊道的下沿，稍作横向摆动，使熔池下沿超过坡口下棱边0.5～2.0 mm，保证下棱边熔合良好。焊下道时应使熔化金属覆盖打底焊道的1/2～2/3。

施焊焊道3时，电弧应对准打底焊道的上缘。为防止上道焊缝出现咬边或铁水下淌，要适当增大焊接速度或减小焊接电流，调整焊条角度，以保证整条焊缝外表均匀、整齐，与母材圆滑过渡。

（六）焊后处理

清理盖面层熔渣及飞溅物，检查焊缝质量，分析问题，总结经验。

（七）注意事项

（1）施焊时，管对接试件固定不得转动角度，以人动试件不动为准则。

（2）由于熔化金属受重力的作用，容易下淌，而产生坡口上侧咬边，应严格用短弧直径较小的焊条，恰当的运条技巧进行横焊。

（3）清渣时要待熔渣冷却后，仔细清理熔渣，不得在高温时用尖锤敲击。

【评价标准】

表 2-4-4　小径管垂直固定焊检查项目及评分标准

检查项目		标准、分数	焊缝等级				自评	组评	师评	得分
			I	II	III	IV				
焊前准备	劳动保护	标准	完好	较好	一般	差				
		分数	4	3.2	2.4	0				
	试板外表清理	标准	干净	较干净	一般	差				
		分数	3	2.4	1.8	0				
	试件定位焊尺寸、位置	标准/mm	长≤10	长≤12	长≤15	长>15				
		分数	3	2.4	1.8	0				
外观检查	气孔	标准	无			有				
		分数	3			0				
	夹渣	标准	无			有				
		分数	3			0				
	咬边	标准/mm	深度≤0.5且长度≤10	深度≤0.5且长度10～20	深度≤0.5且长度20～30	深度>0.5或长度>30				
		分数	4	3.2	2.4	0				
	未焊透	标准/mm	无	深度≤1长度≤10	深度≤1长度≤12	深度>1或长度>12				
		分数	3	2.4	1.8	0				
	弧坑	标准	填满			未填满				
		分数	4			0				
	焊瘤	标准	无			有				
		分数	3			0				
	裂纹	标准	无			有				
		分数	3			0				
	内凹	标准	无			有				
		分数	3			0				
	未熔合	标准	无			有				
		分数	3			0				
	非焊接区域碰弧	标准	无	有一处	有两处	有三处				
		分数	3	2.4	1.8	0				

检查项目		标准、分数	焊缝等级				自评	组评	师评	得分
			Ⅰ	Ⅱ	Ⅲ	Ⅳ				
外观检查	焊缝正面高度	标准/mm	≤2	≤3	≤4	>4				
		分数	3	2.4	1.8	0				
	焊缝正面高度差	标准/mm	≤1	≤2	≤3	>3				
		分数	4	3.2	2.4	0				
	焊缝正面宽度 C	标准/mm	≤10	10<C≤11	11<C≤12	>12				
		分数	3	2.4	1.8	0				
	焊缝正面宽度差	标准/mm	≤1	≤2	≤3	>3				
		分数	4	3.2	2.4	0				
	错边量	标准/mm	无	≤0.5	≤1	>1				
		分数	4	3.2	2.4	0				
	内径通球	标准	通过			通不过				
		分数	10			0				
	断口试验	标准	无缺陷	合格		不合格				
		分数	20	16		0				
	焊后试件错边量	标准/mm	无	≤1	≤2	>2				
		分数	3	2.4	1.8	0				
安全文明生产	合理节约焊材	标准	>50 一根	>50 两根	>50 三根	>50 四根				
		分数	3	2.4	1.8	0				
	不损伤焊缝	标准	未伤			伤				
		分数	3			0				
	安全、文明生产	标准	好	较好	一般	差				
		分数	4	3.2	2.4	0				

任务 3　焊条电弧焊——水平固定管焊接

图 2-4-10　水平固定管焊接现场图

【学习任务】

根据图 2-4-11 可知,本任务为两块 $\Phi108$ mm×100 mm×8 mm 无缝钢管水平固定焊,坡口角度为 60°,坡口间隙、钝边自定。

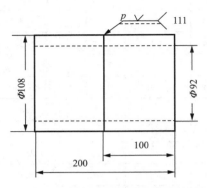

图 2-4-11 水平固定管焊接试件图

【任务分析】

管对接水平固定焊由于焊缝是环形的,在焊接过程中需经过仰焊、立焊、平焊等几种位置,属于全位置焊接,因此焊条角度变化较大、难度较大,应注意每个位置的操作要领。$\Phi108$ mm×8 mm 管对接由于管直径较大,管壁较厚,焊接时焊条角度要随管周向不断变化,使焊接难度增大。由于管壁较厚,特别是作为焊接起始部位的仰焊位置,电弧极不易击穿根部,熔池温度上升较慢,操作不当会产生未焊透,应使用较合适的电流,既保证焊透,又不致使熔池温度升高产生焊瘤。

【任务处理】

一、焊前准备

(一)试件材料

Q245R 无缝钢管。

(二)试件尺寸

管外径 $\Phi108$ mm,壁厚 8 mm,长度 100 mm,坡口角度为 60°,每组两件。

(三)焊条的选择与烘干

选用 E5015 碱性焊条,规格 $\Phi2.5$、$\Phi3.2$,焊前进行 350 ℃～420 ℃烘干,保温 1～2 h。

二、操作步骤

(一)清理试件

为了防止焊接过程中出现气孔,必须重视对焊件的清理工作,定位焊前必须清除管子坡口面和坡口两侧管壁上 20 mm 内的油、氧化物、铁锈等污物,打磨干净至露出金属光泽为宜。

（二）装配与定位焊

　　根据管壁厚度和所选焊条的规格及打底焊方法,确定间隙 $b = 3 \sim 4$ mm(始端 3 mm,终端 4 mm),钝边 $p = 1 \sim 1.5$ mm,错边量 ≤ 0.5 mm。点固焊时,利用角钢或槽钢限制管滚动,最好使用对口钳对口。选择和正式焊接同型号的焊条,在试件圆周 120° 位置处点焊两个固定点,焊点长度为 5 ~ 10 mm,高度为 2 ~ 3 mm,以保证固定点强度,抵抗焊接变形时的收缩,并使此夹角部位间隙为 4 mm,相对部位间隙为 3 mm,作为始焊点。将点固的试件水平固定,焊缝的高度以操作者适宜焊接为宜,如图 2-4-12 所示。

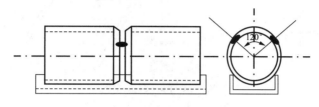

图 2-4-12　装配与定位焊

（三）操作姿势

1. 站位

① 侧身位:即人站在管子的侧边进行施焊,如图 2-4-13(a)所示。

② 正位:即人站在管子的正中心线施焊,如图 2-4-13(b)所示。

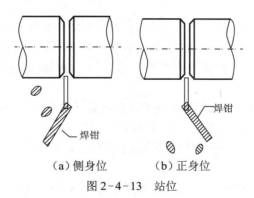

（a）侧身位　　　　（b）正身位

图 2-4-13　站位

2. 握焊钳

① 正握法,通常站位为侧身位。

② 反握法,通常站位为正身位。

（四）打底层焊接(采用断弧焊)

　　焊接电流:65 ~ 70 A。焊条角度如图 2-4-14 所示。

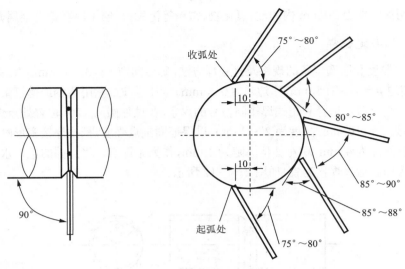

图 2-4-14　焊条角度

施焊方式为沿焊管的中心线将管子分成左右两半周焊接,先沿逆时针方向焊右半周,后沿顺时针方向焊左半周;引弧和收弧部位要超过管子中心线 5～10 mm。

1. 前半部焊接

仰焊位(起焊):从底部偏左 10 mm 处引弧,然后拉长电弧预热 1～2 s 后迅速压低电弧使其在坡口内壁燃烧。这时在坡口两侧各形成一个焊点,再使两个焊点充分熔合到一起后熄弧,形成一个完整的熔池。

仰焊位(正常焊接):采用小月牙形摆动,在坡口两侧稍作停顿,见熔孔后熄弧,待熔池颜色由亮变暗后再重新接弧,后一个熔池要覆盖前熔池 1/3 左右。每次接弧要将电弧完全伸至管内壁使电弧在内壁燃烧,听到管内有"噗噗"的响声后再熄弧,熄弧时向上挑弧,动作要果断、利索。

顺接头:在熔孔后方处引弧预热后,迅速压低电弧运条至接头处往上顶送焊条,使焊条端头和管内壁平齐,并稍作停顿一下后熄弧,再转入正常焊接。

仰焊位→立焊位:焊接到此位置时,焊条的伸入量是管壁的 2/3 左右,焊条的角度要随时调整。

立焊位→平焊位:焊条不能伸入太多,是管壁的 1/3 左右,要注意观察熔池的温度,避免产生焊瘤,并且焊过中心线 10 mm 左右,收弧时要填满弧坑。反接头:当焊接到离定位焊处还有 4 mm 时,焊条画圆圈摆动并往里压一下电弧,听到击穿声后,焊条在接头处稍作摆动,填满弧坑后熄弧。

2. 后半部焊接

焊前要彻底清除仰焊接头处的缺陷,可用电弧或角向磨光机将接头处铲成缓坡形状。焊接时在仰焊反接头偏后 10 mm 处引弧,预热 1～2 s 后迅速压低电弧至待接头处,马上将电弧往上顶,使其在内壁燃烧,形成完整的熔池后再熄弧,如图 2-4-15 所示。

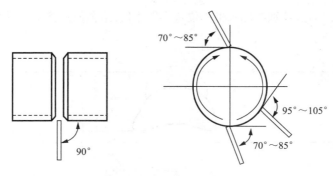

图 2-4-15 打底焊

（五）填充层焊接

填充焊前应彻底清理底层熔渣,用扁铲铲除接头高点和焊瘤,使底层焊道基本平整。焊接过程中采用连弧法,锯齿形或月牙形运条并严格采用短弧,运条速度要均匀,摆动幅度要小,如图 2-4-16 所示。

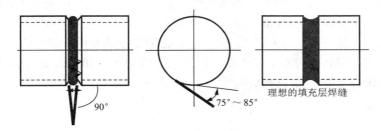

图 2-4-16 填充层

填充层分前后两个半圈焊接,无论先焊前半圈,还是后半圈,在仰位起焊时都要超过 6 点位置,以便接头方便。在 6 点半(或 5 点半)引弧后,稍作停顿稳弧。当形成熔池后,小锯齿摆动,由于坡口较窄,摆动过程要快,坡口两侧要停顿,中间一带而过,主要熔透底层焊缝两侧与坡口夹角。下半圈前进间距以压住半个熔池为宜,上半圈压住 2/3 熔池,以使上下各半圈焊缝高低基本相同。先焊的半圈在超过 12 点位置结束。焊接后半圈时,在前半圈起焊点的上方 10～15 mm 处引弧,下拉电弧压住前起焊点稍作停顿,小锯齿向上摆动,与前半圈相同,超过前半圈收弧点 5～10 mm 回焊收弧,如图 2-4-17 所示。

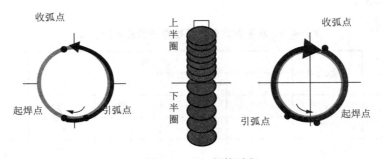

图 2-4-17 焊接过程

整个焊接过程要注意手腕的动作,保证焊条角度有利于熔滴过渡。控制焊缝的高度,距离棱边 1~1.5 mm 为宜,特别要注意平焊位置不能太低,给盖面焊接带来困难,如图 2-4-18 所示。

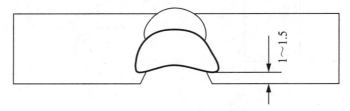

图 2-4-18 填充层焊道位置

(六)盖面层焊接

盖面焊前应清除前层焊道熔渣,控制层间温度 100 ℃左右,与填充焊方法相同,摆动幅度稍大,根据填充焊道深度大小,决定运条速度快慢。下半圈可采用锯齿形或凸月牙形运条,上半圈可采用凹月牙形运条,以解决下半圈焊肉余高大,上半圈焊肉余高小的问题,使上下半圈焊缝高低一致。焊条摆动到坡口两侧时,焊条电弧中心对准坡口棱边,形成熔池后熔掉棱边 1.5 mm 左右,焊后产生余高 1~2 mm 为宜。

接头方法采用热接法。在弧坑上方 10~15 mm 处引弧,快速拉回压住弧坑 2/3 沿弧坑轮廓摆动电弧,与前弧坑熔合,转入正常焊接。焊到超过 12 点 5~10 mm 处收弧,后半圈焊到覆盖前半圈 5~10 mm 处收弧,使弧坑饱满。

(七)焊后处理

清理盖面层熔渣及飞溅物,检查焊缝质量,分析问题,总结经验。

(八)注意事项

此焊接过程是从下面到上面,要经过仰焊、立焊、平焊等几种焊接位置,是一种难度较大的操作。焊接时,金属熔池所处的空间位置不断变化,焊条角度也应随焊接位置的变化而不断调整。归纳为"一看、二稳、三准、四匀"。一看:看熔池并控制大小,看熔池位置。二稳:身体放松,呼吸自然,手稳,动作幅度小而稳。三准:定位焊位置准确,焊条角度准确。四匀:焊缝波纹均匀,焊缝宽窄均匀,焊缝高低均匀。

【评价标准】

表 2-4-5 水平固定管焊接检查项目及评分标准

检查项目		标准、分数	焊缝等级				自评	组评	师评	得分
			I	II	III	IV				
焊前准备	劳动保护	标准	完好	较好	一般	差				
		分数	3	2.4	1.8	0				
	试板外表清理	标准	干净	较干净	一般	差				
		分数	3	2.4	1.8	0				

续表

检查项目		标准、分数	焊缝等级				自评	组评	师评	得分
			I	II	III	IV				
焊前准备	试件定位焊尺寸	标准/mm	长≤10	长≤12	长≤15	长>15				
		分数	3	2.4	1.8	0				
外观检查	气孔	标准	无			有				
		分数	3			0				
	夹渣	标准	无			有				
		分数	3			0				
	咬边	标准/mm	深度≤0.5且长度≤10	深度≤0.5且长度≤20	深度≤0.5且长度≤35	深度>0.5长度>35				
		分数	4	3.2	2.4	0				
	未焊透	标准/mm	无	深度≤1长度≤10	深度≤1长度≤35	深度>1或长度>35				
		分数	2	1.6	1.2	0				
	正面弧坑	标准	填满			未填满				
		分数	3			0				
	焊瘤	标准	无			有				
		分数	3			0				
	裂纹	标准	无			有				
		分数	3			0				
	内凹	标准	无	深度≤2长度≤10	深度≤2长度≤20	深度>2或长度>35				
		分数	3	2.4	1.8	0				
	未熔合	标准	无			有				
		分数	3			0				
	非焊接区域碰弧	标准	无	有一处	有两处	有三处				
		分数	3	2.4	1.8	0				
	焊缝正面高度	标准/mm	≤2	≤3	≤4	>4				
		分数	4	3.2	2.4	0				
	焊缝正面高度差	标准/mm	≤2	≤3	≤4	>4				
		分数	4	3.2	2.4	0				
	焊缝正面宽度C	标准/mm	≤14	14<C≤16	16<C≤18	>18				
		分数	4	3.2	2.4	0				
	焊缝正面宽度差	标准/mm	≤2	≤3	≤4	>4				
		分数	3	2.4	1.8	0				

续表

检查项目		标准、分数	焊缝等级				自评	组评	师评	得分
			Ⅰ	Ⅱ	Ⅲ	Ⅳ				
外观检查	焊缝背面高度	标准（mm）	≤2	≤3	≤4	>4				
		分数	3	2.4	1.8	0				
	焊缝背面高度差	标准（mm）	≤2	≤3	≤4	>4				
		分数	3	2.4	1.8	0				
	焊后试件错边量	标准（mm）	无	≤1	≤2	>2				
		分数	3	2.4	1.8	0				
内部检查	射线探伤	标准	一级片	二级片	三级片	四级片				
		分数	25	20	15	0				
安全文明生产	合理节约焊材	标准	>50一根	>50两根	>50三根	>50四根				
		分数	3	2.4	1.8	0				
	清理焊渣、飞溅物	标准	干净	较干净	一般	差				
		分数	3	2.4	1.8	0				
	不损伤焊缝	标准	未伤			伤				
		分数	3			0				
	安全、文明生产	标准	好	较好	一般	差				
		分数	3	2.4	1.8	0				

任务4　筒体对接环缝的双面埋弧焊

【学习任务】

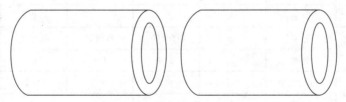

图 2-4-19　筒体对接图样

根据图样（如图 2-4-19 所示）可知，本次焊接任务为将两个 $\Phi 1\,200\ mm \times 1\,980\ mm \times 12\ mm$ 的筒体对接，焊件材料均为 Q235 钢。焊件厚度为 12 mm，采用 V 形坡口，坡口角度为 60°，双面埋弧焊。

【任务分析】

圆柱形筒体筒节的对接焊缝，称为环缝。环缝焊接与直缝焊接最大的不同点是，焊接时必须将焊件置于滚轮架上,由滚轮架带动焊件旋转,焊机固定在操作机上不动,仅有焊丝向下输送的动作。因此,焊件旋转的线速度就是焊接速度。如果是焊接筒体的内环缝,则需将焊机置于操作机上,操作机伸入筒体内部进行焊接。

　　环缝对接焊的焊接位置属于平焊位置。为了得到良好的焊缝成形,焊丝相对于筒体的位置应该逆筒体旋转方向相对于筒体中心有一个偏移量,使进行内、外环缝焊接时,焊接熔池能基本上保持在水平位置凝固。

【任务处理】

一、相关知识

(一)埋弧焊设备

埋弧焊设备外形图及 MZ-1000 型焊接小车结构,如图 2-4-20、图 2-4-21 所示。

图 2-4-20　埋弧焊设备

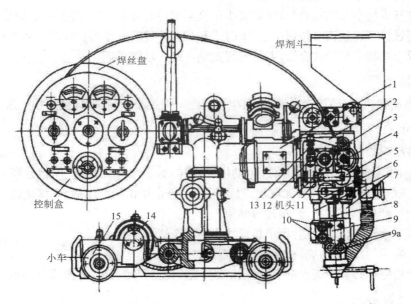

1—送丝电动机;2—摇杆;3,4—送丝轮;5,6—矫直滚轮;7—圆柱导轨;8—螺杆;9a—螺钉(压紧导电块用);9—导电嘴;10—螺钉(接地极用);11—螺钉;12—调节螺母;13—弹簧;14—小车电动机;15—小车车轮

图 2-4-21　MZ-1000 型焊接小车

MZ-1000 型焊机适合于焊接位于水平位置或与水平面倾斜不大于 15° 的各种有、无坡口的对接焊缝、搭接焊缝和角接焊缝等，也可借助滚轮架对圆筒形焊件内、外环缝进行焊接。该焊机是由送丝机构、行走机构、焊接电源、控制系统、机头调节机构和易损件及辅助装置等六部分组成的。

（二）基本操作技术

1. 准备

（1）首先检查焊机外部接线是否正确。

（2）将焊车放在焊件的焊接位置上。

（3）将装好焊丝的焊丝盘装到固定位置上，再把准备好的焊剂装入焊剂漏斗内。

（4）闭合焊接电源的刀开关和控制线路的电源开关。

（5）调整焊接参数，使之达到预先选定值。

① 电流调节。

分别按下电流调节按钮的"增大"或"减小"按钮，弧焊变压器中的电流调节器即可动作，通过电流指示器（在变压器外壳上）可以预置电流的大致数值（真正的电流数值，要在焊接时通过电流表读出）。电流调节也可以通过变压器外壳侧面的一对按钮，以同样的方法进行调节。

② 送丝调节。

分别按下送丝调节按钮中的"向上"或"向下"按钮，焊丝即可以向上或向下运动。

③ 小车行走速度调节。

按下离合器，将小车行走方向调节按钮转到向左或向右位置，焊车即可前进或后退运动，调节小车行走速度旋钮可改变行走速度。

（6）打开焊接小车的离合器，将焊接小车推至焊件起焊处，调节焊丝对准焊缝中心。

（7）通过按下送丝调节按钮中的"向上"和"向下"按钮，使焊丝轻轻接触焊件表面。

（8）扳上焊接小车的离合器，并打开焊剂漏斗阀门堆放焊剂。

2. 焊接

按下启动按钮，接通焊接电源回路，电弧引燃。焊接小车前进，焊接过程正常进行。

3. 停止

（1）关闭焊剂漏斗的阀门。

（2）先按下停止按钮的前半截，电动机停止转动，小车停止行走，焊丝也停止送丝，电弧拉长，此时弧坑被逐渐填满，待弧坑填满后，再按下停止按钮的后半截，焊接电源切断，焊接过程完全停止。然后放开按钮，焊接过程结束。

（3）扳下小车离合器手柄，用手将焊接小车推至适当位置。

（4）回收焊剂，清除渣壳，检查焊缝外观。

（5）焊接完毕必须切断电源，将现场清理干净，确定无暗火后，才能离开现场。

（三）厚板对接焊

厚度超过 40 mm 的结构钢板对接时宜采用多层多道埋弧自动焊。焊接对线能量敏感的钢材不能采用很大的焊接电流,也要采用多层多道埋弧自动焊,其典型坡口见图2-4-22。焊接时,先把工件放在平焊位置上,用焊条电弧焊将反面V形坡口焊满,然后进行正面U形坡口里的多层埋弧焊,焊接参数见表2-4-3。V形坡口也可用埋弧焊来焊接,钝边改为7 mm。若焊件很厚时,则可采用双U形坡口,进行双面多层埋弧自动焊。坡口形式见图2-4-23,每一面的焊接参数与表2-4-6相同。

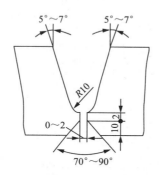

图2-4-22　厚板焊件多层埋弧自动焊单面U形坡口形式

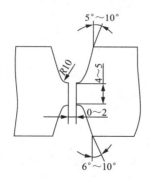

图2-4-23　厚板焊件多层埋弧自动焊双面U形坡口形式

表2-4-6　厚板焊件多层埋弧自动焊焊接参数范围

焊丝直径/mm	焊接电流/A	电弧电压/V		焊接速度/(m/h)
		交　流	直　流	
4	600～700	36～38	34～36	25～30
5	700～800	38～42	36～40	28～32

（四）环缝对接焊

对于圆形筒体焊接结构的对接焊缝,可通过配合辅助装置和焊接滚轮架进行环缝焊接,如图2-4-24所示。一般采用双面焊,先焊内环缝,后焊外环缝。容器直径较小时,为削弱曲面对熔池金属流动的不利影响,无论是焊接内环缝还是焊接外环缝,焊丝应逆回转方向距焊件圆周中心位置一定距离L,以利于熔池和熔渣的凝固、焊缝成形及防止烧穿。容器直径为400～3 500 mm时,偏置距离为30～80 mm。

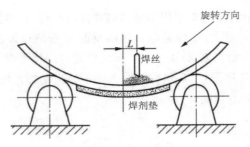

图 2-4-24　环缝焊接示意图

二、操作步骤

（一）焊前准备

1. 焊接电源

选用 MZ-1000 型焊机（选用直流反接）。首先检查焊机外部接线是否正确。然后将焊车放在焊件的焊接位置上,将装好焊丝的焊丝盘装到固定位置上,再把准备好的焊剂装入焊剂漏斗内。闭合焊接电源的刀开关和控制线路的电源开关。调整焊接参数,使之达到预先选定值。

2. 辅助工具和量具

焊工操作作业区附近备好錾子、清渣锤、锤子、凿子、锉刀、钢丝刷、砂纸、钢直尺、钢角尺、水平尺、活动扳手等辅助工具和量具。

3. 焊件及焊接材料

焊件材料为 Q235 钢,板厚 12 mm。Q235 为普通碳钢,淬硬倾向小,焊接性好,不需采取特殊工艺措施。可选用焊丝:H08A,焊剂:HJ431,定位焊要用 E4303,直径 4 mm 的焊条。焊前应清除焊丝表面的油和锈,焊剂在 250° 烘干,保温 2 h。

4. 焊接工艺参数

表 2-4-7　焊接工艺参数

板厚及坡口	焊丝直径/mm	焊　缝	焊接电流/A	电弧电压/V	焊接速度/（m·h）	焊丝偏离中心距离/mm	备　注
壁厚 12 mm,V 形坡口,间隙 0～1 mm	4	内	600～650	33～35	37～38	45	先内后外
		外	650～700	34～36	34～35		

（二）焊接过程

1. 试件清理

在焊前应将坡口及坡口两侧各 20 mm 区域内的表面铁锈、氧化皮、油污等清理干净。对待焊部位的氧化皮及铁锈可采用砂布、风动砂轮、钢丝刷及喷丸处理等清理干净;油污应用丙酮擦净或用氧乙炔焰烘烤等方法去除。

2. 焊件的装配与定位焊

装配时要保证对接处的错边量在 2 mm 以内,对接处不留间隙,局部间隙应小于 1 mm。定位焊采用直径为 4 mm 的 E4303 焊条,定位焊缝长为 20～30 mm,间隔为 300～400 mm,直接焊在筒体外表。定位焊结束后,清除定位焊缝表面渣壳,用钢丝刷清除定位焊缝两侧飞溅物。

3. 将装配好的筒体吊装上滚轮架。

将埋弧焊机伸到筒体内接缝处,调整好焊丝位置和焊机位置(偏离中心距离),如图 2-4-25 所示。

4. 装设焊剂垫

筒体环缝先焊内环缝,后焊外环缝。焊接内环缝时,为防止熔化金属和熔渣从间隙中流失,应在筒体外侧下部装设焊剂垫。本例中采用连续带式焊剂垫,如图 2-4-26 所示。

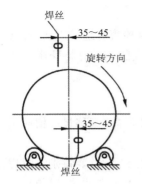
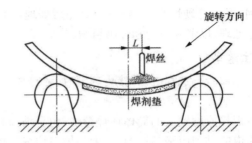

图 2-4-25　筒体的定位焊　　　　　　　　图 2-4-26　焊剂垫

焊剂垫带宽为 200 mm,绕在两只带轮上,一只带轮固定,另一只带轮通过丝杠调节机构作横向移动,以放松或拉紧带。使用前,在带的表面撒上焊剂,将筒体压在带上,拉紧可移带轮,使焊剂垫对筒体产生承托力。焊接时,由于筒体的转动带动带旋转,使熔池外侧始终有焊剂承托。焊剂垫上的焊剂在焊接过程中会部分撒落,这时应添加一些焊剂,以保证焊剂垫上始终有一层焊剂存在。

5. 焊接操作

将焊剂垫安放在待焊部位,检查操作机、滚轮架的运转情况,全部正常后,将装配好的筒体吊运至滚轮架上,使筒体环缝对准焊剂垫并压在上面。驱动内环缝操作机,使悬臂伸入筒体内部,调整焊机的送丝机构,将焊丝调整到偏离筒体中心 35 mm 的地方,处于上坡焊位置,并使焊剂对准环缝的拼接处。为了使焊机启动和筒体旋转同步。事先应将滚轮架验动电动机的开关接在焊机的启动按钮上。焊接收尾时焊缝必须首尾相接,重叠一定长度,重叠长度至少要达到一个熔池的长度。

内环缝焊毕后,应严格清理焊根,松开焊剂垫,使其脱离筒体。将操作机置于筒体上方,调节焊丝对准环缝的拼接处,使焊丝偏离中心约 35 mm,相当于下坡位置焊接外环缝,其他工艺参数不变,如图 2-4-27 所示。

图 2-4-27　筒体埋弧焊焊接操作

6. 焊后处理

清渣：待焊缝金属及熔渣完全凝固并冷却后，敲掉焊渣。并检查焊道外观质量。Q235 是普通碳钢，焊后淬硬性小，一般不需要焊后处理。对于淬硬性大的钢或有特殊用途的焊件通常要进行处理，以消除应力和淬硬组织。

7. 注意事项

（1）偏移量要选择好，焊接内环缝时，随着焊接层数的增加，焊丝偏移量的值应由大到小变化。

（2）焊接厚度较大的筒体环焊缝时，由于坡口较深，焊层较多，所以要特别注意焊接过程中每层焊道的排列应平满均匀，焊肉与坡口边缘要熔合好，尽量不出现死角，以防止未熔合和夹杂。

（3）直径小于 500 mm 的筒体进行外环缝焊接时，由于筒体表面的曲率较大，焊剂往往不能停留在焊接区域周围，容易向两侧散失，使焊接过程无法进行。在生产中通常采用保留盒将焊接区域周围的焊剂保护起来。焊接时，保留盒轻轻靠在筒体上，不随筒体转动，待焊接结束后，再将保留盒去掉。

【评价标准】

表 2-4-8　筒体对接环缝的双面埋弧焊检查项目及评分标准

检查项目		标准、分数	焊缝等级				自评	组评	师评	得分
			Ⅰ	Ⅱ	Ⅲ	Ⅳ				
焊前准备	劳动保护	标准	完好	较好	一般	差				
		分数	3	2.4	1.8	0				
	试板外表清理	标准	干净	较干净	一般	差				
		分数	3	2.4	1.8	0				

续表

检查项目		标准、分数	焊缝等级				自评	组评	师评	得分
			I	II	III	IV				
外观检查	气孔、夹渣	标准/mm	无,8分;≤0.5,每个扣1分;≤1,每个扣2分;≤1.5,每个扣3分,>1.5,为0分。							
		分数								
	咬边	标准	无			有				
		分数	8			0				
	错边	标准/mm	≤1.5			>1.5				
		分数	5			0				
	角变形	标准	≤3°			>3°				
		分数	3			0				
	正面焊缝宽度	标准/mm	≤28			>28				
		分数	3			0				
	正面焊缝宽度差	标准/mm	≤2			>2				
		分数	3			0				
	正面焊缝余高	标准/mm	≤4			>4				
		分数	3			0				
	正面焊缝余高差	标准/mm	≤2			>2				
		分数	3			0				
	背面焊缝宽度	标准/mm	≤15			>15				
		分数	3			0				
	背面焊缝宽度差	标准/mm	≤3			>3				
		分数	3			0				
	背面焊缝余高	标准/mm	≤3			>3				
		分数	3			0				
	背面焊缝余高差	标准/mm	≤2			>2				
		分数	3			0				
内部检查	X射线探伤	标准	一级片无缺陷	一级片有缺陷	二级片	三级片				
		分数	30	25	20	0				
安全文明生产	清理焊渣、飞溅物	标准	干净	较干净	一般	差				
		分数	3	2.4	1.8	0				
	不损伤焊缝	标准	未伤			伤				
		分数	3			0				
	安全、文明生产	标准	好	较好	一般	差				
		分数	10	8	5	0				

任务 5　碳弧气刨清焊根技术

【学习任务】

厚度大于 12 mm 的钢板焊接后,焊缝根部区域出现焊接缺陷,用碳弧气刨进行清根,如图 2-4-28 所示。

图 2-4-28　碳弧气刨清焊根

【任务分析】

采用焊条电弧焊或自动埋弧焊焊接厚度大于 12 mm 的钢板时,通常都采用双面焊。由于焊缝根部的质量一般都较差,含有较多的缺陷(如气孔、凹坑等),为保证焊接质量,经常在正面焊完后,将焊件翻转,将焊缝的根部铲除干净,并形成合适的焊接坡口,然后再焊。铲除焊缝根部的工作称为清焊根。清焊根一般采用碳弧气刨。

【任务处理】

一、相关知识

(一)碳弧气刨基础知识

使用焊接技术制造金属结构时必须先将金属切割成符合要求的形状,有时还需要刨削各种坡口,清除焊根及清除焊接缺陷。虽然对金属进行切割和刨削的方法多种多样,但是,应用电弧热切割和刨削金属具有诸多显著的优势,因而被广泛应用。实际上,电弧切割与电弧气刨的工作原理、电源、工具、材料及起源完全一样,不同之处仅仅在于具体操作略有不同。可以认为电弧气刨是电弧切割的一种特殊形式,而碳弧气刨则是电弧气刨家族中的一员。

(二)碳弧气刨工艺参数

(1)极性:一般都用直流电源,焊件接电源正极,焊条接电源负极的接法叫作正接,也称正极性;焊件接电源负极,焊条接电源正极的接法叫作反接,也称反极性。常用金属材料的极性见表2-4-9。

表2-4-9　常用金属材料的极性

金属材料	钢	铸 铁	铜及其合金	铝及其合金	不锈钢
极性	反接	正接	正接	正接或反接	反接

一般采用直流反接,这样电弧稳定,熔化金属的流动性较好,凝固温度较低,电弧发出连续的唰唰声,刨槽宽窄一致,光滑明亮。若极性接错,电弧不稳且发出断续的嘟嘟声。

(2)碳棒的直径与电流 $I=(30\sim50)d$,钢板厚度与碳棒直径之间的关系见表2-4-10,常见碳棒规格与选用电流见表2-4-11。

表2-4-10　钢板厚度与碳棒直径之间的关系

钢板厚度	碳棒直径	钢板厚度	碳棒直径
3	一般不刨	8～12	6～8
4～6	4	10～15	8～10
6～8	5～6	15以上	10

表2-4-11　常见碳棒规格与选用电流

断面形状	规格/mm	适用电流/A	断面形状	规格/mm	适用电流/A
圆 形	$\Phi3\times355$	150～180	扁 形	3×12×355	200～300
	$\Phi4\times355$	150～200		5×10×355	300～400
	$\Phi5\times355$	150～250		5×12×355	350～450
	$\Phi6\times355$	180～300		5×15×355	400～500
	$\Phi7\times355$	200～350		5×18×355	500～600
	$\Phi8\times355$	250～400		3×20×355	550～600

对于一定直径的碳棒,如果电流较小,则电弧不稳,且易产生夹碳缺陷;适当增加气刨电流,刨槽加宽,刨深也增加,而且可以提高气刨的线速度和获得光滑的刨槽。在实际应用中,一般选用较大的电流。但过大的电流,碳棒易发红,镀铜皮脱落,碳棒烧损很快,甚至碳棒融化,造成严重渗碳。因此气刨电流受碳棒直径约束。

此外碳棒的直径还与刨槽宽度有关,刨槽越宽,碳棒直径应越大,通常碳棒直径应比刨槽宽度小2 mm左右。

刨槽的宽度主要由碳棒直径和电流大小及操作技术来决定。碳棒直径大,使用电流大,刨槽变宽。

(3)刨削速度:0.5～1.2 m/min。

刨削速度对刨槽尺寸、表面质量都有一定的影响,速度太快会造成碳棒与金属相碰,使碳粘于刨槽顶部,形成所谓"夹碳"的缺陷。随着刨削速度的增大,刨削深度将减少。引弧时刨削速度稍慢。

(4)压缩空气压力:0.4～0.6 MPa,压缩空气的压力由使用的电流决定,见表2-4-12。

表2-4-12　压缩空气的压力与使用的电流关系

电流/A	压缩空气压力/MPa
140～190	0.35～0.4
190～270	0.4～0.5
270～340	0.5～0.55
340～470	0.5～0.55
470～550	0.5～0.6

压缩空气的压力高,刨削有力,因此压力高是有利的,碳弧刨削常用的压缩空气压力为0.5～0.6 MPa,流量为0.85～1.7 m^3/s。

对压缩空气的要求:应适当控制水分和油(在压缩空气的管路中加过滤装置予以控制),因其过多时会使刨槽表面质量变坏。

(5)电弧长度:1～2 mm。

碳弧气刨时,弧长过长,电弧不稳定,易熄弧或槽道不整齐。弧短有利于提高生产效率。但过短易引起"夹碳"缺陷。

(6)碳棒倾角:25～45°

碳棒与刨件沿刨槽方向的夹角称为碳棒倾角。倾角大小主要会影响刨槽深度和刨削速度,倾角增大,则刨削深度增加,刨削速度减小。

(7)碳棒伸出长度:80～100 mm。

碳棒从钳口到电弧端的长度为伸出长度。伸出的长度越长,钳口离电弧就越远,压缩空气吹到熔池的风力就不足,不能将融化金属顺利吹除;另一方面伸出长度越长,碳棒的电阻越大,烧损也就快。但伸出长度太短,会引起操作不方便。

一般碳棒伸出长度为80～100 mm。当碳棒烧损到30～40 mm时,就需调整伸出长度。

(三)碳弧气刨操作技术

1.准备工作

检查极性、选择电流、调节碳棒伸出长度、检查压缩空气压力、调节风口对准刨槽。

2.引弧

先送风后引弧,引燃电弧瞬间电弧不宜拉得过长。

3.刨削

开始慢一点,碳棒不应横向摆动和往复移动,只能沿刨削方向做直线运动;手要稳,对准线,碳棒应端正,倾角保持不变,调整伸出长度时不应停止送风,以利于碳棒冷却。结束时,应先断弧,过几秒后关闭送气阀门。

碳弧气刨后的坡口,在焊前必须彻底清除氧化皮,铁渣、炭灰和铜斑等杂物,并仔细检查焊缝根部是否完全刨透或缺陷是否完全清除。

碳弧气刨的方向,一般自右向左或自上而下。

(四)常用材料碳弧气刨工艺性

1. 低碳钢(优良)

表面会有一层硬化层 $0.54 \sim 0.72$ mm(最多不超过 1 mm),非渗碳,而是急冷后的淬硬组织,不影响刨后的焊接质量。

2. 低合金钢(良好)

刨槽表面易形成淬硬组织而产生裂纹,刨削时应采取一定的工艺措施(预热),一些强度等级要求高的场合下,不宜采用碳弧气刨工艺。

3. 不锈钢(良好)

刨槽边缘的熔渣含碳量高,但刨后认真清理,不会影响焊接质量,刨后不锈钢表面有轻微渗碳层 $0.02 \sim 0.05$ mm(最多不超过 0.11 mm),刨后热影响区仅 1 mm,比焊条电弧焊小。

要注意的是:不锈钢的成分是合金,含量最多的是铁,不锈钢中主要合金元素是 Cr(铬),只有当 Cr 含量达到一定值时,钢才有耐蚀性。因此不锈钢一般 Cr 均在 13% 以上,不锈钢中还有 Ni、Ti、Mn 等元素,大多数不锈钢的含碳量均较低,有些不锈钢的含碳量低于 0.03%。

二、操作步骤

(一)刨前准备

(1)将气刨枪上的气管与空压机的气体出口连接,并用细铁丝将气管紧紧捆扎在空压机的气体出口上。

(2)采用直流反接将气刨枪的电缆与电焊机的二次线连接好,检查接地线是否牢固。

(3)打开空压机和电焊机的电源开关。

(4)根据碳棒直径选择并调好电流,调节碳棒伸出长度至 $80 \sim 100$ mm。调整出气口,使风口对准准备清理的焊缝位置。

(5)送风,准备开始刨削。

(二)引弧

引弧前先送风,电弧引燃后,不宜拉得过长,以免熄灭。碳弧气刨引弧成功后,将电弧长度控制在 $1 \sim 2$ mm。

(三)清焊根

清根方向是从右到左,碳棒沿着钢板表面所划基准线向前移动,既不能作横向摆动,也不能作前后往复摆动。先沿着焊缝背面的坡口根部浅浅地刨一层,一直将整条焊缝刨完,以便正式开始刨的时候,有一个明显的基准。然后再从头开始刨,这时可以稍微刨深一些,一直刨至正面焊缝的根部为止。

【评价标准】

表 2-4-13　碳弧气刨清焊根检查项目及评分标准

检查项目		配　分	标　准	自评	组评	师评	得　分
刨前准备	劳动保护准备	3	完好				
	试板外表清理	3	干净				
外观检查	刨槽深度	20	刨槽深度分别为 4 mm,8 mm,10 mm,超差 2 mm,1 处扣 2 分				
	刨槽宽度	20	刨槽宽度分别为 8 mm,10 mm,12 mm,超差 2 mm,1 处扣 2 分				
	刨槽不直度	14	不直度≤2 mm,超差 1 处扣 2 分				
	刨槽底部圆弧	10	刨槽底部圆弧半径分别为 4 mm,5 mm,6 mm,超差 1 mm,1 处扣 2 分				
	刨槽外观质量	20	出现铜斑、夹碳,一处扣 5 分				
刨后自查	合理节约材料	3	碳棒剩余长度不超过 50 mm,允许一根				
	文明操作、安全操作	4	好				
	清理粘渣、飞溅	3	干净				

五、生产实习

（一）生产图纸

储气罐生产图纸见书后折页图 2-4-2 所示。

（二）焊接流程

（1）储气罐焊接流程见表 2-4-14。

表 2-4-14　储气罐焊接流程

工序标记	工序号	工序名称	工艺内容及技术要求	设备工装	操作者/日期	备　注
	1	环缝组对(筒体与上封头)	1. 环缝组对间隙 1±1 mm 2. 错边量<1.5 mm 3. 清除坡口两侧≮20 mm 范围内污物 4. 定位焊长度 15 mm,间距 150 mm	电焊机		
	2	环缝焊接	1. 按焊接工艺卡施焊,焊完后清除熔渣及焊接飞溅物,并打焊工钢印 2. 棱角 E≤2.6 mm 3. 按焊接工艺卡要求检查,并填写施焊及焊缝外观检查记录	电焊机		

续表

工序标记	工序号	工序名称	工艺内容及技术要求	设备工装	操作者/日期	备 注
H	3	无损探伤	X射线探伤,按无损检测工艺进行,探伤比例≥20％,且最小检测长度≥250 mm(以开孔为中心开孔直径为半径画圆包容的A、B类焊接接头100％探伤),符合JB/T4730—2005标准Ⅲ级为合格	X射线探伤机		
	4	环缝组对(筒体与下封头)	1. 组对间隙 1 ± 1 mm 2. 错边量≤1.5 mm;棱角 E≤2.6 mm; 3. 清理坡口两侧≥20 mm范围内污物、氧化皮、熔渣及其他有害杂质 4. 定位焊长度20 mm	电焊机		
	5	壳体开孔	1. 按排板图进行开孔画线并确认 2. 开孔并打磨坡口	火焰切割机		
	6	环缝焊接(筒体与封头)	1. 按焊接工艺卡施焊,清除熔渣及飞溅物并打焊工钢印 2. 棱角 E≤2.6 mm 3. 按焊接工艺卡要求检查,并填写施焊及焊缝外观检查记录	电焊机		
H	7	无损检测	X射线探伤,按无损检测工艺进行,探伤长度不小于该焊缝长度的≥20％,且最小检测长度≥250 mm(以开孔为中心开孔直径为半径画圆包容的A、B类焊接接头100％探伤),符合JB/T4730—2005标准Ⅲ级为合格	X射线探伤机		
	8	接管与法兰组装	1. 法兰面应垂直于接管或圆筒的主轴中心线 2. 接管与法兰面应垂直,其偏差≥法兰面外径的1％(法兰外径小于100 mm时按100记),且不大于3 mm 3. 法兰螺栓应与壳体主轴线或铅垂线跨中布置	电焊机		
	9	接管焊接	1. 按焊接工艺进行,焊完后清除熔渣及焊接飞溅物,按《压力容器作业指导书》中的焊接控制要求打焊工钢印 2. 按焊接工艺卡要求检查,并填写施焊及焊缝外观检查记录	电焊机		
	10	安装铭牌座	铭牌座应按图样要求点固	电焊机		
H	11	无损检测	对异种钢焊接接头进行100％磁粉检测,符合JB/T4730.4-2005标准Ⅰ级合格	磁粉探伤仪		
H	12	总体检查	进行外观及几何尺寸检查并填写检查报告			

工序标记	工序号	工序名称	工艺内容及技术要求	设备工装	操作者/日期	备 注
H	13	水压试验	1. 水压试验按水压试验卡进行,试验压力为0.32 MPa,详见水压试验卡 2. 如有泄漏,修补后重新试验,不准带压修补	试压泵		
	14	油漆、包装	按产品油漆包装卡进行,涂漆前应除锈,露出金属光泽,涂漆后的表面应加以保护,不准损伤或弄脏			
	15	安装铭牌	将铭牌固定在铭牌座上	拉铆枪		

（2）储气罐焊接工艺文件。

焊接工艺

产品名称：储气罐
产品图号：QPR12050.0
制造编号：2012-0054

编制：＿＿＿＿＿＿＿

审核：＿＿＿＿＿＿＿

批准：＿＿＿＿＿＿＿

青岛××锅炉辅机有限公司
年　　月

表 2-4-15　焊接工艺指令卡

产品名称	产品图号	制造编号
储气罐	QPR12050.0	2012－0054

表 2-4-16　焊接工艺指令卡

产品名称		产品图号		制造编号
储气罐		QPR12050.0		2012－0054
焊缝代号	相连零部件名称	材料钢号	材料规格	焊接工艺评定编号	焊工合格项目

焊缝代号	相连零部件名称	材料钢号	材料规格	焊接工艺评定编号	焊工合格项目
A1	筒体纵缝	Q345R	6	PQR－001	SMAW－FeⅡ－1G－6－Fef3J
B1、B2	筒体环缝	Q345R	6	PQR－005	SMAW－FeⅡ－1G－6－Fef3J SAW－FeⅡ－1G－3Fef－02/11/12
C1、C2	法兰与接管	20＃ Q345R	Φ57×3.5	PQR－009	SMAW－FeⅠ/FeⅡ－2FG－3.5/57－Fef3J
D1、D2	接管与封头	20＃ Q345R	Φ50×6 6	PQR－009　PQR038	SMAW－FeⅠ/FeⅡ－2FG－6/45－Fef3J
D、D4	接管与筒体	20＃ Q345R	Φ32×3.5 6	PQR－009　PQR038	SMAW－FeⅠ/FeⅡ－2FG－3.5/32－Fef3J
D5、D6	接管与筒体	Q345R 20	Φ57×3.5 6	PQR－009　PQR038	SMAW－FeⅠ/FeⅡ－6FG－12/57－Fef3J
E1	铭牌座与筒体	Q345R Q235B	6 3	PQR－009	SMAW－Ⅱ/Ⅰ－1G－3－F3J
E2、E3	吊耳护板与筒体	Q345R Q235B	6 6	PQR－009	SMAW－FeⅡ/FeⅠ－1G－6－F3J
E4、E5、E6	支座护板与筒体	Q345R Q235B	6 6	PQR－009	SMAW－FeⅡ/FeⅠ－1G－6－F3J

表 2-4-17　焊接工艺卡

产品名称	产品编号	焊接工艺评定编号	焊缝代号	焊工合格项目
储气罐	2012-0054	PQR-001	A1	SMAW-FeⅡ-1G-6-Fef3J

材料钢号	Q345R			技术要求： 1. 层间清渣要干净 2. 引熄弧要错开
材料规格	6			
焊接方法	SMAW			
焊接电源 种类	直			
焊接电源 极性	反			

焊接位置	1G	焊接预热	加热方式		层间温度	
			温度范围		测温方法	
		焊后热处理	种　类		保温时间	
			加热方式		冷却方法	
			温度范围		测温方法	

焊接工艺参数

焊层（道）	焊材型号	焊材直径/mm	焊接电流/A	电弧电压/V	焊接速度/(cm/min)	保护气体流量/(L/min)
1	J507	$\phi3.2$	90～130	18～22	13～15	
2	J507	$\phi4$	160～190	20～24	15～17	
3	H10Mn2	$\phi4$	500～550	36～38	45～50	

表 2-4-18　焊接工艺卡

产品名称	产品编号	焊接工艺评定编号	焊缝代号	焊工合格项目
储气罐	2012-0054	PQR-005	B1. B2	SMAW-FeⅡ-1G-6-Fef3J SAW-FeⅡ-1G-3Fef-02/11/12

材料钢号	Q345R			技术要求： 1. 层间清渣要干净 2. 引熄弧要错开
材料规格	6			
焊接方法	SMAW + SAW			
焊接电源 种类	直			
焊接电源 极性	反			

续表

焊接位置	1 G	焊接预热	加热方式		层间温度	
			温度范围		测温方法	
		焊后热处理	种　类		保温时间	
			加热方式		冷却方法	
			温度范围		测温方法	

焊接工艺参数						
焊层（道）	焊材型号	焊材直径/mm	焊接电流/A	电弧电压（V）	焊接速度/（cm/min）	保护气体流量/（L/min）
1	H10MNSi	Φ2.5	80～100	5～10		
2	J507	Φ3.2	90～120	18～22	13～15	
3	J507	Φ4	160～190	20～24	15～17	

表 2-4-19　焊接工艺卡

产品名称	产品编号	焊接工艺评定编号	焊缝代号	焊工合格项目
储气罐	2012-0054	PQR-009	C1, C2	SMAW-FeⅠ/FeⅡ-2FG-3.5/57-Fef3J
材料钢号	Q345R 20			
材料规格	Φ57×3.5			技术要求：
焊接方法	SMAW			1. 层间清渣要干净
焊接电源　种类	直			2. 引熄弧要错开
焊接电源　极性	反			

焊接位置	2 FG	焊接预热	加热方式		层间温度	
			温度范围		测温方法	
		焊后热处理	种　类		保温时间	
			加热方式		冷却方法	
			温度范围		测温方法	

续表

焊接工艺参数							
焊层(道)	焊材型号	焊材直径/mm	焊接电流/A	电弧电压/V	焊接速度/(cm/min)	保护气体流量/(L/min)	
1	J427	Φ3.2	90～130	18～22	13～15		
2	J427	Φ3.2	90～130	18～22	13～15		
3	J427	Φ3.2	90～130	18～22	13～15		
4	J427	Φ4	160～190	20～24	15～17		

表 2-4-20　焊接工艺卡

产品名称		产品编号	焊接工艺评定编号		焊缝代号		焊工合格项目
储气罐		2012～0054	PQR～009　PQR～038		D1. D2		SMAW～FeⅠ/FeⅡ～2 FG～6/50～Fef3J
材料钢号		Q345R　20					
材料规格		Φ50×6　6					技术要求: 1. 层间清渣要干净 2. 引熄弧要错开
焊接方法		SMAW					
焊接电源	种类	直					
	极性	反					
焊接位置		2 FG	焊接预热	加热方式		层间温度	
				温度范围		测温方法	
			焊后热处理	种类		保温时间	
				加热方式		冷却方法	
				温度范围		测温方法	

续表

焊接工艺参数						
焊层（道）	焊材型号	焊材直径/mm	焊接电流/A	电弧电压/V	焊接速度/(cm/min)	保护气体流量/(L/min)
1	J427	$\phi3.2$	90～130	18～22	13～15	
2	J427	$\phi3.2$	90～130	18～22	13～15	
3	J427	$\phi3.2$	90～130	18～22	13～15	
4	J427	$\phi4$	160～190	20～24	15～17	

表 2-4-21　焊接工艺卡

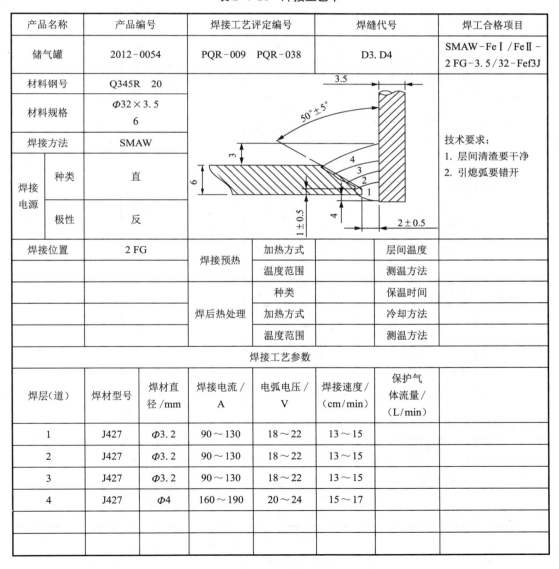

产品名称	产品编号	焊接工艺评定编号	焊缝代号	焊工合格项目
储气罐	2012-0054	PQR-009　PQR-038	D3.D4	SMAW-FeⅠ/FeⅡ-2FG-3.5/32-Fef3J

材料钢号	Q345R　20
材料规格	$\phi32\times3.5$　6
焊接方法	SMAW

技术要求：
1. 层间清渣要干净
2. 引熄弧要错开

焊接电源	种类	直
	极性	反

焊接位置	2FG	焊接预热	加热方式		层间温度	
			温度范围		测温方法	
		焊后热处理	种类		保温时间	
			加热方式		冷却方法	
			温度范围		测温方法	

焊接工艺参数						
焊层（道）	焊材型号	焊材直径/mm	焊接电流/A	电弧电压/V	焊接速度/(cm/min)	保护气体流量/(L/min)
1	J427	$\phi3.2$	90～130	18～22	13～15	
2	J427	$\phi3.2$	90～130	18～22	13～15	
3	J427	$\phi3.2$	90～130	18～22	13～15	
4	J427	$\phi4$	160～190	20～24	15～17	

表 2-4-22　焊接工艺卡

产品名称	产品编号	焊接工艺评定编号	焊缝代号	焊工合格项目
储气罐	2012-0054	PQR-009　PQR-038	D5. D6	SMAW-FeⅠ/FeⅡ-2 FG-3.5/57-Fef3J

材料钢号	Q345R　20		
材料规格	Φ57×3.5　6		
焊接方法	SMAW		

技术要求：
1. 层间清渣要干净
2. 引熄弧要错开

焊接电源	种类	直
	极性	反

焊接位置	2 FG	焊接预热	加热方式		层间温度	
			温度范围		测温方法	
		焊后热处理	种类		保温时间	
			加热方式		冷却方法	
			温度范围		测温方法	

焊接工艺参数

焊层（道）	焊材型号	焊材直径/mm	焊接电流/A	电弧电压/V	焊接速度/(cm/min)	保护气体流量/(L/min)
1	J427	Φ3.2	90～130	18～22	13～15	
2	J427	Φ3.2	90～130	18～22	13～15	
3	J427	Φ3.2	90～130	18～22	13～15	
4	J427	Φ4	160～190	20～24	15～17	

表 2-4-23 焊接工艺卡

产品名称	产品编号	焊接工艺评定编号	焊缝代号	焊工合格项目
储气罐	2012-0054	PQR-009	E1	SMAW-FeⅠ/FeⅡ-1G-3-Fef3J

材料钢号	Q345R Q235B		技术要求： 1. 层间清渣要干净 2. 引熄弧要错开
材料规格	6 3		
焊接方法	SMAW		

焊接电源	种类	直
	极性	反

焊接位置	1 G	焊接预热	加热方式		层间温度	
			温度范围		测温方法	
		焊后热处理	种类		保温时间	
			加热方式		冷却方法	
			温度范围		测温方法	

焊接工艺参数

焊层（道）	焊材型号	焊材直径/mm	焊接电流/A	电弧电压/V	焊接速度/(cm/min)	保护气体流量/(L/min)
1	J427	$\Phi3.2$	90～130	18～22		

表 2-4-24　焊接工艺卡

产品名称	产品编号	焊接工艺评定编号	焊缝代号	焊工合格项目
储气罐	2012－0054	PQR－009	E2. E3. E4. E5. E6	SMAW－FeⅠ/FeⅡ－1G－6－Fef3J

材料钢号	Q345B Q345R		
材料规格	6 6		技术要求：1. 层间清渣要干净 2. 引熄弧要错开
焊接方法	SMAW		

焊接电源	种类	直
	极性	反

焊接位置	1G

焊接预热	加热方式		层间温度	
	温度范围		测温方法	
焊后热处理	种类		保温时间	
	加热方式		冷却方法	
	温度范围		测温方法	

焊接工艺参数

焊层（道）	焊材型号	焊材直径/mm	焊接电流/A	电弧电压/V	焊接速度/(cm/min)	保护气体流量/(L/min)
1	J427	Φ3.2	90～130	18～22	13～15	
2	J427	Φ4	160～190	20～24	15～17	

表 2-4-25　焊材定额消耗表

产品名称	储气罐		产品图号	QPR12050.0	生产编号	2012-0054
焊缝代号	焊材代号	手工焊			埋弧焊		氩弧焊
		ϕ3.2（支）	ϕ4（支）	ϕ5（支）	焊丝（kg）	焊剂（kg）	焊丝（支）
A1	J507	8	16				
B1, B2	H10MnSi/J507	22	22				ϕ4/10
C1. C2	J427	6	3				
D1. D2. D3. D4	J427	12	4				
D5, D6	J427	10	3				
E	J427	2					
E2. E3. E4. E5. E6	J427	18	18				
点固	J507	3					
	J427	5					
					H10Mn22 kg		
合计	J427	53（支）	28（支）				
	J507	33（支）	38（支）				10（支）

（三）评价标准

表 2-4-26　储气罐检查项目及评分标准

项目		评分标准	实测	优秀	合格	不合格	检验员/日期
外观检查	环缝组对	1. 环缝组对间隙（1±1）mm 2. 错边量≤1.5 mm 3. 清除坡口两侧＜20 mm 范围内污物 4. 定位焊长度 15 mm，间距 150 mm					
	环缝焊接	1. 按焊接工艺卡施焊，焊完后清除熔渣及焊接飞溅物，并打焊工钢印 2. 棱角 E≤2.6 mm 3. 按焊接工艺卡要求检查，并填写施焊及焊缝外观检查记录					
	接管与法兰组装	1. 法兰面应垂直于接管或圆筒的主轴中心线 2. 接管与法兰面应垂直，其偏差≯法兰面外径的 1%（法兰外径小于 100 mm 时按 100 记），且不大于 3 mm 3. 法兰螺栓应与壳体主轴线或铅垂线跨中布置					
	接管与法兰焊接	1. 按焊接工艺进行，焊完后清除熔渣及焊接飞溅物，按《压力容器作业指导书》中的焊接控制要求打焊工钢印 2. 按焊接工艺卡要求检查，并填写施焊及焊缝外观检查记录					

续表

项　目		评分标准	实测	优秀	合格	不合格	检验员/日期
外观检查	安装铭牌	铭牌应按图样要求固定在铭牌座上					
	总体检查	进行外观及几何尺寸检查并填写检查报告					
无损检测	X射线探伤	X射线探伤,按无损检测工艺进行,探伤长度不小于该焊缝长度的≥20%,且最小检测长度≥250 mm(以开孔为中心开孔直径为半径画圆包容的A、B类焊接接头100%探伤),符合JB/T4730-2005标准Ⅲ级为合格					
	磁粉检测	对异种钢焊接接头进行100%磁粉检测,符合JB/T4730.4-2005标准Ⅰ级合格					
水压试验		1. 水压试验按水压试验卡进行,试验压力为0.32 MPa,详见水压试验卡 2. 如有泄漏,修补后重新试验,不准带压修补					
油漆、包装		按产品油漆包装卡进行,涂漆前应除锈,露出金属光泽,涂漆后的表面应加以保护,不准损伤或弄脏					

六、拓展训练

分汽缸焊接加工

（一）生产图纸（见书后折页图 2-4-29）
（二）分汽缸焊接工艺文件

焊接工艺

产品名称 : 分汽缸

产品图号 : QPR12001.0

制造编号 : 2012-0002

编制 : _____

审核 : _____

批准 : _____

青岛 ×× 锅炉辅机有限公司
年　　月

表 2-4-27　焊接工艺指令卡

产品名称	产品图号	制造编号
分汽缸	QPR12001.0	2012-0002

表 2-4-28　焊接工艺指令卡

产品名称		产品图号		制造编号
分汽缸		QPR12001.0		2012-0002

焊缝代号	相连零部件名称	材料钢号	材料规格	焊接工艺评定编号	焊工合格项目
A1, A2	筒体纵缝	Q345R	6	PQR-001	SMAW-FeⅡ-1G-6-Fef3J
B1, B2	筒体环缝	Q345R	6	PQR-001	SMAW-FeⅡ-1G-6-Fef3J
B3	筒体环缝	Q345R	6	PQR-005	SMAW-FeⅡ-1G-6-Fef3JGTTAW-FeⅡ-1G-6-Fef-02/11/12
C1	法兰与接管	20 20Ⅱ	$\Phi325\times8$	PQR-009	SMAW-FeⅠ-2FG-8/325-Fef3J
C2, C4	法兰与接管	20 20Ⅱ	$\Phi159\times6$	PQR-009	SMAW-FeⅠ-2FG-6/159-Fef3J
C3	法兰与接管	20 20Ⅱ	$\Phi273\times8$	PQR-009	SMAW-FeⅠ-2FG-8/273-Fef3J
C5	法兰与接管	20 20Ⅱ	$\Phi57\times5$	PQR-009	SMAW-FeⅠ-2FG-5/57-Fef3J
C6	法兰与接管	20 20Ⅱ	$\Phi38\times3.5$	PQR-009	SMAW-FeⅠ-2FG-3.5/38-Fef3J
D1	接管与封头	20 Q345R	$\Phi325\times8$ 6	PQR-009PQR-038	SMAW-FeⅠ/FeⅡ-2FG-8/325-Fef3J
D2, D4	接管与筒体	20 Q345R	$\Phi159\times6$ 6	PQR-009PQR-038	SMAW-FeⅠ/FeⅡ-2FG-6/159-Fef3J
D3	接管与筒体	20 Q345R	$\Phi273\times8$ 6	PQR-009PQR-038	SMAW-FeⅠ/FeⅡ-2FG-8/273-Fef3J

续表

焊缝代号	相连零部件名称	材料钢号	材料规格	焊接工艺评定编号	焊工合格项目
D5	接管与筒体	20 Q345R	$\phi 57 \times 5$ 6	PQR-009PQR-038	SMAW-FeⅠ/FeⅡ-2FG-5/57-Fef3J
D6	接管与筒体	20 Q345R	$\phi 38 \times 3.5$ 6	PQR-009	SMAW-FeⅠ/FeⅡ-2FG-3.5/38-Fef3J
D7	接管与筒体	20 Q345R	$\phi 32 \times 8$ 6	PQR-009PQR-038	SMAW-FeⅠ/FeⅡ-2FG-8/32-Fef3J
D8, D9	垫板与筒体	Q345R	6 6	PQR-009	SMAW-FeⅠ/FeⅡ-2FG-6-Fef3J
E	铭牌座与筒体	Q345R	3 6	PQR-009	SMAW-FeⅠ/FeⅡ-2FG-6-Fef3J

表 2-4-29 焊接工艺卡

产品名称	产品编号	焊接工艺评定编号	焊缝代号	焊工合格项目
分汽缸	2012-0002	PQR-001	A1, A2	SMAW-FeⅡ-1G-6-Fef3J

材料钢号	Q345R
材料规格	6
焊接方法	SMAW

焊接电源	种类	直
	极性	反

焊接位置	1G

技术要求:
1. 层间清渣要干净。
2. 引熄弧要错开

焊接预热	加热方式		层间温度	
	温度范围		测温方法	
焊后热处理	种类		保温时间	
	加热方式		冷却方法	
	温度范围		测温方法	

焊接工艺参数

焊层 (道)	焊材型号	焊材直径/ mm	焊接电流/ A	电弧电压/ V	焊接速度/ (cm/min)	保护气体流量/ (L/min)	
1	J507	$\phi 3.2$	90~130	18~22			
2	J507	$\phi 4$	160~190	20~24			

续表

焊层（道）	焊材型号	焊材直径/mm	焊接电流/A	电弧电压/V	焊接速度/（cm/min）	保护气体流量/（L/min）	
3	J507	$\Phi 4$	160～190	20～24			

表 2-4-30　焊接工艺卡

产品名称	产品编号	焊接工艺评定编号	焊缝代号		焊工合格项目
分汽缸	2012-0002	PQR-001	B1, B2		SMAW-Fe II - 1G-6-Fef3J

材料钢号	Q345R			
材料规格	6			技术要求：
焊接方法	SMAW			1. 层间清渣要干净
焊接电源 种类	直			2. 引熄弧要错开
焊接电源 极性	反			

焊接位置	1 G	焊接预热	加热方式		层间温度	
			温度范围		测温方法	
		焊后热处理	种类		保温时间	
			加热方式		冷却方法	
			温度范围		测温方法	

续表

焊接工艺参数							
焊层（道）	焊材型号	焊材直径/mm	焊接电流/A	电弧电压/V	焊接速度/（cm/min）	保护气体流量/（L/min）	
1	J507	$\phi 3.2$	$90\sim130$	$18\sim22$			
2	J507	$\phi 4$	$160\sim190$	$20\sim24$			
3	J507	$\phi 4$	$160\sim190$	$20\sim24$			

表 2-4-31 焊接工艺卡

产品名称	产品编号	焊接工艺评定编号	焊缝代号	焊工合格项目
分汽缸	2012-0002	PQR-005	B3	SMAW-FeⅡ-1G-6-Fef3JGTAW-FeⅡ-1G-6-Fef-02/11/12

材料钢号	Q345R		
材料规格	6		
焊接方法	GTAW + SMAW		
焊接电源 种类	直		
焊接电源 极性	反		

技术要求：
1. 层间清渣要干净
2. 引熄弧要错开

续表

产品名称	产品编号	焊接工艺评定编号		焊缝代号		焊工合格项目	
焊接位置	1G	焊接预热	加热方式		层间温度		
			温度范围		测温方法		
		焊后热处理	种类		保温时间		
			加热方式		冷却方法		
			温度范围		测温方法		
焊接工艺参数							
焊层（道）	焊材型号	焊材直径/mm	焊接电流/A	电弧电压/V	焊接速度/(cm/min)	保护气体流量/(L/min)	
1	H10MnSi	ϕ2.5	80～100	10～18			
2	J507	ϕ3.2	90～130	18～22			
3	J507	ϕ4	160～190	20～24			
4	J507	ϕ4	160～190	20～24			

表 2-4-32 焊接工艺卡

产品名称	产品编号	焊接工艺评定编号	焊缝代号		焊工合格项目
分汽缸	2012-0002	PQR-009	C1		SMAW-FeⅠ-2FG-8/325-Fef3J

材料钢号	20 20Ⅱ			
材料规格	Φ325×8		技术要求:	
焊接方法	SMAW	1. 层间清渣要干净	
焊接电源	种类	直	2. 引熄弧要错开	
	极性	反		

焊接位置	2FG	焊接预热	加热方式		层间温度	
			温度范围		测温方法	
		焊后热处理	种类		保温时间	
			加热方式		冷却方法	
			温度范围		测温方法	

焊接工艺参数						
焊层（道）	焊材型号	焊材直径/mm	焊接电流/A	电弧电压/V	焊接速度/(cm/min)	保护气体流量/(L/min)
1	J427	Φ3.2	90～130	18～22		
2	J427	Φ4	160～190	20～24		
3	J427	Φ3.2	90～130	18～22		
4	J427	Φ4	160～190	20～24		
5	J427	Φ4	160～190	20～24		

表 2-4-33　焊接工艺卡

产品名称	产品编号	焊接工艺评定编号		焊缝代号	焊工合格项目
分汽缸	2012-0002	PQR-009		C2,C4	SMAW-FeI-2FG-6/159-Fef3J
材料钢号	20 20II				技术要求:
材料规格	Φ159×6				1. 层间清渣要干净
焊接方法	SMAW				2. 引熄弧要错开
焊接电源	种类	直			
	极性	反			
焊接位置	2 FG	焊接预热	加热方式		层间温度	
			温度范围		测温方法	
		焊后热处理	种类		保温时间	
			加热方式		冷却方法	
			温度范围		测温方法	

焊接工艺参数

焊层（道）	焊材型号	焊材直径/mm	焊接电流/A	电弧电压/V	焊接速度/(cm/min)	保护气体流量/(L/min)	
1	J427	Φ3.2	90～130	18～22			
2	J427	Φ4	160～190	20～24			
3	J427	Φ3.2	90～130	18～22			
4	J427	Φ4	160～190	20～24			

表 2-4-34 焊接工艺卡

产品名称	产品编号	焊接工艺评定编号	焊缝代号	焊工合格项目
分汽缸	2012-0002	PQR-009	C3	SMAW-FeⅠ- 2FG-8/273- Fef3J

材料钢号	20 20Ⅱ
材料规格	Φ273×8
焊接方法	SMAW

焊接电源	种类	直
	极性	反

技术要求:
1. 层间清渣要干净
2. 引熄弧要错开

焊接位置	2 FG	焊接预热	加热方式		层间温度	
			温度范围		测温方法	
		焊后热处理	种类		保温时间	
			加热方式		冷却方法	
			温度范围		测温方法	

焊接工艺参数

焊层（道）	焊材型号	焊材直径/mm	焊接电流/A	电弧电压/V	焊接速度/(cm/min)	保护气体流量/(L/min)
1	J427	Φ3.2	90～130	18～22		
2	J427	Φ4	160～190	20～24		
3	J427	Φ3.2	90～130	18～22		
4	J427	Φ4	160～190	20～24		
5	J427	Φ4	160～190	20～24		

表 2-4-35 焊接工艺卡

产品名称	产品编号	焊接工艺评定编号	焊缝代号	焊工合格项目
分汽缸	2012-0002	PQR-009	C5	SMAW-FeⅠ-2FG-5/57-Fef3J

材料钢号	20 20Ⅱ			
材料规格	Φ57×5			技术要求:
焊接方法	SMAW			1. 层间清渣要干净
焊接电源 种类	直			2. 引熄弧要错
焊接电源 极性	反			

焊接位置	2FG	焊接预热	加热方式		层间温度	
			温度范围		测温方法	
		焊后热处理	种类		保温时间	
			加热方式		冷却方法	
			温度范围		测温方法	

焊接工艺参数							
焊层(道)	焊材型号	焊材直径/mm	焊接电流/A	电弧电压/V	焊接速度/(cm/min)	保护气体流量/(L/min)	
1	J427	Φ3.2	90～130	18～22			
2	J427	Φ3.2	90～130	18～22			
3	J427	Φ4	160～190	20～24			

表 2-4-36 焊接工艺卡

产品名称	产品编号	焊接工艺评定编号		焊缝代号		焊工合格项目
分汽缸	2012-0002	PQR-009		C6		SMAW-FeⅠ-2FG-3.5×38-Fef3J

材料钢号		20 20Ⅱ				技术要求： 1. 层间清渣要干净 2. 引熄弧要错开
材料规格		Φ38×3.5				
焊接方法		SMAW				
焊接电源	种类	直				
	极性	反				

焊接位置	2FG	焊接预热	加热方式		层间温度	
			温度范围		测温方法	
		焊后热处理	种类		保温时间	
			加热方式		冷却方法	
			温度范围		测温方法	

焊接工艺参数						
焊层（道）	焊材型号	焊材直径/mm	焊接电流/A	电弧电压/V	焊接速度/（cm/min）	保护气体流量/（L/min）
1	J427	Φ3.2	90～130	18～22		
2	J427	Φ3.2	90～130	18～22		
3	J427	Φ4	160～190	20～24		

表 2-4-37 焊接工艺卡

产品名称	产品编号	焊接工艺评定编号		焊缝代号	焊工合格项目
分汽缸	2012-0002	PQR-009PQR-038		D1	SMAW-FeⅠ/FeⅡ-2FG-8/325-Fef3J
材料钢号	20 Q345R				
材料规格	Φ325×8 6				技术要求: 1. 层间清渣要干净 2. 引熄弧要错开
焊接方法	SMAW				
焊接电源	种类	直			
	极性	反			
焊接位置	2FG	焊接预热	加热方式		层间温度	
			温度范围		测温方法	
		焊后热处理	种类		保温时间	
			加热方式		冷却方法	
			温度范围		测温方法	

图中标注：8，50°+5°，6，4，3，2，1，6，1±0.5，2+0.5

焊接工艺参数							
焊层(道)	焊材型号	焊材直径/mm	焊接电流/A	电弧电压/V	焊接速度/(cm/min)	保护气体流量/(L/min)	
1	J427	Φ3.2	90～130	18～22			
2	J427	Φ4	160～190	20～24			
3	J427	Φ4	160～190	20～24			
4	J427	Φ4	160～190	20～24			

表 2-4-38 焊接工艺卡

产品名称	产品编号	焊接工艺评定编号		焊缝代号	焊工合格项目
分汽缸	2012-0002	PQR-009PQR-038		D2, D4	SMAW-FeⅠ/FeⅡ-2FG-6/159-Fef3J
材料钢号	20 Q345R				
材料规格	Φ159×6 6				技术要求: 1. 层间清渣要干净 2. 引熄弧要错开
焊接方法	SMAW				

焊接电源	种类	直
	极性	反

焊接位置	2FG	焊接预热	加热方式		层间温度	
			温度范围		测温方法	
		焊后热处理	种类		保温时间	
			加热方式		冷却方法	
			温度范围		测温方法	

焊接工艺参数

焊层(道)	焊材型号	焊材直径/mm	焊接电流/A	电弧电压/V	焊接速度/(cm/min)	保护气体流量/(L/min)
1	J427	Φ3.2	90~130	18~22		
2	J427	Φ4	160~190	20~24		
3	J427	Φ4	160~190	20~24		
4	J427	Φ4	160~190	20~24		

表 2-4-39 焊接工艺卡

产品名称	产品编号	焊接工艺评定编号		焊缝代号	焊工合格项目
分汽缸	2012-0002	PQR-009PQR-038		D3	SMAW-FeⅠ/FeⅡ-2FG-8/273-Fef3J
材料钢号	20 Q345R				技术要求: 1. 层间清渣要干净 2. 引熄弧要错开
材料规格	Φ273×8 6				
焊接方法	SMAW				
焊接电源	种类	直			
	极性	反			
焊接位置	2FG	焊接预热	加热方式		层间温度	
			温度范围		测温方法	
		焊后热处理	种类		保温时间	
			加热方式		冷却方法	
			温度范围		测温方法	

焊接工艺参数

焊层(道)	焊材型号	焊材直径/mm	焊接电流/A	电弧电压/V	焊接速度/(cm/min)	保护气体流量/(L/min)	
1	J427	Φ3.2	90～130	18～22			
2	J427	Φ4	160～190	20～24			
3	J427	Φ4	160～190	20～24			
4	J427	Φ4	160～190	20～24			

表 2-4-40 焊接工艺卡

产品名称	产品编号	焊接工艺评定编号		焊缝代号	焊工合格项目
分汽缸	2012-0002	PQR-009PQR-038		D5	SMAW-FeⅠ/FeⅡ-2FG-5/57-Fef3J
材料钢号	20 Q345R				
材料规格	Φ57×5 6				技术要求:
焊接方法	SMAW				1. 层间清渣要干净
焊接电源	种类	直			2. 引熄弧要错开
	极性	反			

焊接位置	2 FG	焊接预热	加热方式		层间温度	
			温度范围		测温方法	
		焊后热处理	种类		保温时间	
			加热方式		冷却方法	
			温度范围		测温方法	

焊接工艺参数

焊层(道)	焊材型号	焊材直径/mm	焊接电流/A	电弧电压/V	焊接速度/(cm/min)	保护气体流量/(L/min)	
1	J427	Φ3.2	90～130	18～22			
2	J427	Φ4	160～190	20～24			
3	J427	Φ4	160～190	20～24			
4	J427	Φ4	160～190	20～24			

表 2-4-41　焊接工艺卡

产品名称	产品编号	焊接工艺评定编号		焊缝代号	焊工合格项目
分汽缸	2012-0002	PQR-009		D6	SMAW-FeⅠ/FeⅡ-2FG-3.5/38-Fef3J
材料钢号	20 Q345R				
材料规格	Φ38×3.5 6				技术要求: 1. 层间清渣要干净 2. 引熄弧要错开
焊接方法	SMAW				

焊接电源	种类	直
	极性	反

焊接位置	2 FG	焊接预热	加热方式		层间温度	
			温度范围		测温方法	
		焊后热处理	种类		保温时间	
			加热方式		冷却方法	
			温度范围		测温方法	

焊接工艺参数

焊层(道)	焊材型号	焊材直径/mm	焊接电流/A	电弧电压/V	焊接速度/(cm/min)	保护气体流量/(L/min)	
1	J427	Φ3.2	90～130	18～22			
2	J427	Φ4	160～190	20～24			
3	J427	Φ4	160～190	20～24			
4	J427	Φ4	160～190	20～24			

表 2-4-42 焊接工艺卡

产品名称	产品编号	焊接工艺评定编号		焊缝代号	焊工合格项目
分汽缸	2012-0002	PQR-009PQR-038		D7	SMAW-FeⅠ/FeⅡ-2FG-8/32-Fef3J
材料钢号	20 Q345R				
材料规格	Φ32×8 6				技术要求:
焊接方法	SMAW				1. 层间清渣要干净
焊接电源	种类	直			2. 引熄弧要错开
	极性	反			
焊接位置	2FG	焊接预热	加热方式		层间温度	
			温度范围		测温方法	
		焊后热处理	种类		保温时间	
			加热方式		冷却方法	
			温度范围		测温方法	

焊接工艺参数

焊层(道)	焊材型号	焊材直径/mm	焊接电流/A	电弧电压/V	焊接速度/(cm/min)	保护气体流量/(L/min)	
1	J427	Φ3.2	90～130	18～22			
2	J427	Φ4	160～190	20～24			
3	J427	Φ4	160～190	20～24			
4	J427	Φ4	160～190	20～24			

表 2-4-43　焊接工艺卡

产品名称	产品编号	焊接工艺评定编号		焊缝代号		焊工合格项目
分汽缸	2012-0002	PQR-009		D8,D9		SMAW-FeⅠ/FeⅡ-2FG-6-Fef3J
材料钢号	Q345R					
材料规格	6 6					技术要求: 1. 层间清渣要干净 2. 引熄弧要错开
焊接方法	SMAW					
焊接电源	种类	直				
	极性	反				
焊接位置	2 FG	焊接预热	加热方式		层间温度	
			温度范围		测温方法	
		焊后热处理	种类		保温时间	
			加热方式		冷却方法	
			温度范围		测温方法	

焊接工艺参数							
焊层(道)	焊材型号	焊材直径/mm	焊接电流/A	电弧电压/V	焊接速度/(cm/min)	保护气体流量/(L/min)	
1	J507	Φ3.2	90~130	18~22			
2	J507	Φ4	160~190	20~24			

表 2-4-44　焊接工艺卡

产品名称	产品编号	焊接工艺评定编号		焊缝代号		焊工合格项目
分汽缸	2012-0002	PQR-009		E		SMAW-FeⅠ/FeⅡ- 2FG-6-Fef3J
材料钢号	Q345R					技术要求: 1. 层间清渣要干净 2. 引熄弧要错开
材料规格	3 6					
焊接方法	SMAW					
焊接 电源	种类	直				
	极性	反				
焊接位置	2G		焊接 预热	加热方式		层间温度	
				温度范围		测温方法	
			焊后 热处 理	种类		保温时间	
				加热方式		冷却方法	
				温度范围		测温方法	

焊接工艺参数						
焊层 (道)	焊材型号	焊材直 径/mm	焊接电流/ A	电弧电压/V	焊接速度/ (cm/min)	保护气体流 量/(L/min)
1	J507	Φ3.2	90～130	18～22		

表 2-4-45　焊材定额消耗表

产品名称		分汽缸	产品图号		QPR12001.0	生产编号		2012-0002
焊缝代号	焊材代号	手工焊			埋弧焊		氩弧焊	
		Φ3.2（支）	Φ4（支）	Φ5（支）	焊丝(kg)	焊剂(kg)	焊丝（支）	
A1, A2	J507	15	30					
B1, B2	J507	34	68					
B3	H10MnSi/J507	17	34				9	
C1	J427	14	21					
C2, C4	J427	16	16					
C3	J427	12	18					
C5	J427	4	2					
C6	J427	2	1					
D1	J427	7	21					
D2, D4	J427	8	24					
D3	J427	6	18					
D5	J427	2	6					
D6	J427	1	3					
D7	J427	1	3					
D8, D9	J507	30	30					
E	J507	2						
合　计	J427	73（支）	133（支）	（支）	（kg）	（kg）	9（支）	
	J507	98（支）	162（支）	（支）				

（三）评价标准

表 2-4-46 分汽缸检查项目及评分标准

检查项目		评分标准	实测	优秀	合格	不合格	检验员/日期
外观检查	封头与筒体组对	1. 组对间隙（2±1）mm 2. 错边量 ≤2.0 mm 3. 清除坡口两侧 ≮20 mm 范围内污物 4. 定位焊长度 15 mm，间距 150 mm					
	封头与筒体焊接	1. 按焊接工艺卡施焊，焊完后清除熔渣及焊接飞溅物，并打焊工钢印 2. 棱角 $E ≤ 2.8$ mm 3. 按焊接工艺卡要求检查，并填写施焊及焊缝外观检查记录					
	接管与法兰组对	1. 法兰面应垂直于接管或圆筒的主轴中心线 2. 接管与法兰面应垂直，其偏差 ≥法兰面外径的 1%（法兰外径小于 100 mm 时按 100 mm 记），且不大于 3 mm					
	接管与法兰焊接	1. 按焊接工艺卡施焊，焊完后清除熔渣及焊接飞溅物，按《压力容器作业指导书》中的焊接控制要求打焊工钢印 2. 按焊接工艺卡要求检查，并填写施焊及焊缝外观检查记录					
	安装铭牌	铭牌应按图样要求固定在铭牌座上					
	总体检查	进行外观及几何尺寸检查并填写检查报告					
无损检测	X 射线探伤	对封头与筒体焊缝进行 X 射线探伤，按无损检测工艺进行，探伤长度不小于该焊缝长度的 ≥20%，且 ≮25 mm（以开孔为中心、沿容器表面最短长度等于开孔直径的范围内的焊接接头 100%探伤），符合 JB/T4730.2-2005 标准不低于Ⅲ级为合格					
	磁粉检测	对异种钢焊接接头进行 100%磁粉检测，符合 JB/T4730.4-2005 标准Ⅰ级合格					
水压试验		1. 水压试验按水压试验卡进行，试验压力为 2.3 MPa 2. 如有泄漏，修补后重新试验，不准带压修补					
油漆、包装		按产品油漆包装卡进行，涂漆前应除锈，露出金属光泽，涂漆后的表面应加以保护，不准损伤或弄脏					

附 录

一、焊工考试项目代号

焊工考试项目代号,应按每个焊工、每种焊接方法分别表示。

(一)手工焊焊工考试项目表示方法

手工焊焊工考试项目表示方法为:①-②-③-④/⑤-⑥-⑦,其中:

① 焊接方法代号,见附表 1。

② 试件钢号分类代号,见附表 3,有色金属材料按相应标准规定的代号。异种钢号用 X/X 表示。

③ 试件形式代号,见附表 4,带衬垫代号加(K)。

④ 试件焊缝金属厚度。

⑤ 试件外径。

⑥ 焊条类别代号,见附表 2。

⑦ 焊接要素代号,见附表 5。

考试项目中不出现某项时,则不填。

(二)焊机操作工考试项目表示方法

焊机操作工考试项目表示方法为:①-②-③,其中:

① 焊接方法代号,见附表 1。

② 试件形式代号,见附表 4,带衬垫代号加(K)。

③ 焊接要素代号,见附表 5,存在两种以上要素时,用"/"分开。

考试项目中不出现该项时,则不填。

附表 1　焊接方法及代号

焊接方法	代　号
焊条电弧焊	SMAW
气　焊	OFW
钨极气体保护焊	GTAW
熔化极气体保护焊	GMAW(含药芯焊丝电弧焊 FCAW)
埋弧焊	SAW
电渣焊	ESW
摩擦焊	FRW
螺柱焊	SW

附表 2 焊条类别、代号及适用范围

焊条类别	焊条类别代号	相应型号	适用焊件的焊条范围	相应标准
钛钙型	F1	EXX03	F1	GB/T5117、GB/T5118 GB/T983 （奥氏体、双相钢焊条除外）
纤维素型	F2	EXX10, EXX11, EXX10-x, EXX11-x	F1, F2	
钛型、钛钙型	F3	EXXX（X）-16, EXXX（X）-17	F1, F3	
低氢型、碱性	F3J	EXX15, EXX16 EXX18, EXX48 EXX15-x, EXX16-x EXX18-x, EXX48-x EXXX（X）-15 EXXX（X）-16, EXXX（X）-17	F1, F3 F3J	
钛型、钛钙型	F4	EXXX（X）-16, EXXX（X）-17	F4	GB/T983 （奥氏体、双相钢焊条）
碱 性	F4J	EXXX（X）-15 EXXX（X）-16, EXXX（X）-17	F4, F4J	

附表 3 试件钢号分类及代号

类别	代号	典型钢号示例				
碳素钢	I	Q195 Q215, Q235	10, 15, 20, 25, 20R, 20g, 20G, 22g	HP245 HP265	L175 L210	S205
低合金钢	II	HP295 HP325 HP345 HP365	12Mng, 16Mn, 16Mng, 16MnR, 15MnNbR 15MnV, 15MnVR, 20MnMo 10MnWVNb, 07MnCrMoVR 20MnMoNb, 13MnNiMobR	12CrMo, 12CrMoG 15CrMo, 15CrMoR 15CrMoG, 14Cr1Mo 12Cr1MoV, 12Cr1MoVG 12Cr2Mo, 12Cr2Mo1 12Cr2Mo1R 12Cr2MoG 12Cr2MoWVTiB 12Cr3MoVSiTiB	L245, L290 L320, L360 L415, L450 L485, L555 S240, S290 S315, S360 S385, S415 S450, S480	09MnD, 09MnNiD 09MnNiDR, 16MnD 16MnDR, 15MnNiDR 20MnMoD 07MnNiCrMoVDR 08MnNiCrMoVD 10Ni3MoVD
马氏体钢、铁素体不锈钢	III	1Cr5Mo 0Cr13 1Cr13 1Cr17 1Cr9Mo1				
奥氏体不锈钢、双相不锈钢	IV	0Cr19Ni9 0Cr18Ni9Ti 0Cr18Ni11Ti 00Cr18Ni10 00Cr19Ni11		0Cr18Ni12Mo2Ti 00Cr17Ni14Mo2 0Cr18Ni12Mo3Ti 00Cr19Ni13Mo3 0Cr19Ni13Mo3	0Cr23Ni13, 0Cr25Ni20 00Cr18Ni5Mo3Si2 1Cr19Ni9 1Cr19Ni11Ti 1Cr23Ni18	

附表 4　试件形式、位置及代号

试件形式	试件位置		代　号
板材对接焊缝试件	平焊		1G
	横焊		2G
	立焊		3G
	仰焊		4G
管材对接焊缝试件	水平转动		1G
	垂直固定		2G
	水平固定	向上焊	5G
		向下焊	5GX
	45°固定	向上焊	6G
		向下焊	6GX
管板角接头试件	水平转动		2FRG
	垂直固定平焊		2FG
	垂直固定仰焊		4FG
	水平固定		5FG
	45°固定		6FG
螺柱焊试件	平焊		1S
	横焊		2S
	仰焊		4S

附表 5　焊接要素及代号

焊接要素			要素代号
手工钨极气体保护焊填充金属焊丝		无	01
		实芯	02
		药芯	03
机械化焊	钨极气体保护焊自动稳压系统	有	04
		无	05
	自动跟踪系统	有	06
		无	07
	每面坡口内焊道	单道	08
		多道	09

（三）焊工持证项目及注释

附表6 焊工持证项目及注释

资格项目	注 释
SMAW-FeⅡ-1G-12-Fef3J	焊条电弧焊-Ⅱ类钢-平焊-12 mm板材-低氢、碱性型焊条
SMAW-FeⅣ-1G-12-Fef4	焊条电弧焊-Ⅳ类钢-平焊-12 mm板材-钛型、钛钙型焊条
GTAW-FeⅣ-6G-3/57-Fefs-02/10/12+SMAW-FeⅣ-6G（K）-3/57-Fef4	钨极气体保护焊-Ⅳ类钢-45°管固定向上焊-管壁厚度3 mm/管径57 mm-填充材料:药芯焊丝-焊条型号+焊条电弧焊-Ⅳ类钢-45°管固定向上焊(带垫板)-管壁厚度3 mm/管径57 mm-钛型、钛钙型焊条
SMAW-FeⅣ-5FG-12/57-Fef4	焊条电弧焊-Ⅳ类钢-管板角接水平固定-管壁厚度12 mm/管径57 mm-钛型、钛钙型焊条
GTAW-FeⅡ-6G-3/57-Fefs-02/11/12+SMAW-FeⅡ-6G（K）-3/57-Fef3J	钨极气体保护焊-Ⅱ类钢-45°管固定向上焊-管壁厚度3 mm/管径57 mm-填充材料:药芯焊丝-焊条型号+焊条电弧焊-Ⅱ类钢-45°管固定向上焊(带垫板)-管壁厚度3 mm/管径57 mm-低氢、碱性型焊条
SMAW-FeⅣ-5FG-12/57-Fef4	焊条电弧焊-Ⅳ类钢-管板角接头水平固定-管壁厚度12 mm/管径57 mm-钛型、钛钙型焊条
SMAW-FeⅡ-6G-6/57-Fef3J	焊条电弧焊-Ⅱ类钢-45°管固定向上焊-管壁厚度6 mm/管径57 mm-低氢、碱性型焊条
SMAW-FeⅣ-1G-12-Fef4	焊条电弧焊-Ⅳ类钢-平焊-12 mm板材-钛型、钛钙型焊条
SMAW-FeⅣ-5G-6/57-Fef4	焊条电弧焊-Ⅳ类钢-管固定向上焊-管壁厚度6 mm/管径57 mm-钛型、钛钙型焊条
SMAW-FeⅡ-6G-6/57-Fef3J	焊条电弧焊-Ⅱ类钢-45°管固定向上焊-管壁厚度6 mm/管径57 mm-低氢、碱性型焊条
SMAW-FeⅡ-6FG-12/57-Fef3J	焊条电弧焊-Ⅱ类钢-管板角接头45°固定-管壁厚度12 mm/管径57 mm-低氢、碱性焊条
SMAW-FeⅡ-2FG-12/57-Fef3J	焊条电弧焊-Ⅱ类钢-管板角接垂直固定平焊-管壁厚度12 mm/管径57 mm-低氢、碱性焊条
SMAW-FeⅡ-5G-6/57-Fef3J	焊条电弧焊-Ⅱ类钢-管水平固定向上焊-管壁厚度6 mm/57 mm-低氢、碱性焊条
SMAW-FeⅡ-5G-6/57-Fef3J	焊条电弧焊-Ⅱ类钢-管水平固定向上焊-管壁厚度6 mm/管径57 mm-低氢、碱性焊条
SAW-1G（K）-07/08/19	埋弧焊-平焊(带垫板)-焊条型号
SMAW-FeⅡ-2G-6/57-Fef3J	焊条电弧焊-Ⅱ类钢-横焊-管壁厚度6 mm/管径57 mm-低氢、碱性焊条
SAW-1G（K）-07/08/19	埋弧焊-平焊(带垫板)-焊条型号
GTAW-FeⅡ-2G-4/57-02/11/12	钨极气体保护焊-Ⅱ类钢-横焊-管壁厚度4 mm/管径57 mm-焊条型号

二、压力容器标准体系

附表7 压力容器标准体系

序 号	GB150-1998	GB150-89
1	《压力容器安全技术监察规程》90版	
2	GB150-1998《钢制压力容器》	GB150-89
3	GB151-1998《管壳式换热器》	GB151-89《钢制管壳式换热器》
4	GB16749-1997《压力容器波形膨胀节》	B150-89附录E"U型膨胀节"
5	GB12337-1998《钢制球形储罐》	GB12337-90
6	JB4732-95《钢制压力容器—分析设计标准》	
7	JB4731-1998《钢制卧式容器》	GB150-89中第8章"卧式容器"
8	JB4710-92《钢制塔式容器》	GB150-89第9章"直立容器"和附录F"直立容器高振型计算"
9	JB/T4735-1997《钢制焊接常压容器》	JB2880-81《钢制焊接常压容器》
10	JB4730-94《压力容器无损检测》	JB1151-73《高压无缝钢管的超声波探伤技术条件》 JB1152-81《锅炉、压力容器对接焊缝的超声波探伤》只代替容器部分,锅炉部分还用JB1152-81。 JB3963-85《压力容器锻件超声波探伤》 JB3965-85《钢制压力容器磁粉探伤》 JB4248-86《压力容器锻件的磁粉检验》 ZBJ74003-88《压力容器用钢板超声波探伤技术条件》 GB3323-87《钢熔化焊对接接头射线照相和质量等级》只代替容器部分,锅炉部分还用GB3323-87
11	JB4708-92《钢制压力容器焊接工艺评定》	
12	JB/T4709-92《钢制压力容器焊接规程》	
13	GB6654-1996《压力容器用钢板》	GB6654～55-86
14	GB3531-1996《低温压力容器用低合金钢板》	代替GB3531-83及87修改单
15	JB4726-94《低温压力容器用碳素钢和低合金锻件》	JB755-85《压力容器锻件技术条件》
16	JB4727-94《低温压力容器用碳素钢和低合金锻件》	
17	JB4728-94《压力容器用不锈钢锻件》	
18	JB4733-1996《压力容器用爆炸不锈钢复合钢板》	
19	JB4700-92《压力容器法兰分类与技术条件》	

参考文献

[1] 刘云龙. 焊工鉴定考核题库(初级工、中级工适用)[M]. 北京:机械工业出版社,2011.

[2] 薄清源,王建. 焊工(高级)国家职业资格证书取证回答 [M]. 北京:机械工业出版社,2009.

[3] 王若愚. 焊接技能训练(初级工)[M]. 北京:高等教育出版社,2008.

[4] 王若愚. 焊接技能训练(中级工)[M]. 北京:高等教育出版社,2009.

[5] 周歧,王亚君. 电焊工工艺与操作技术 [M]. 北京:机械工业出版社,2009.

[6] 王长忠. 焊接工艺与技能训练 [M]. 北京:中国劳动社会保障出版社,2001.

[7] 李荣雪. 焊接工艺与技能训练 [M]. 高等教育出版社. 2008.

[8] 李清新. 电工技术 [M]. 北京:机械工业出版社,2000.

[9] 王建勋,任廷春. 焊接电工 [M]. 北京:机械工业出版社,2012.

[10] 陈祝年. 焊接设计简明手册 [M]. 北京:机械工业出版社,1997.

[11] 杨松. 锅炉压力容器焊接技术培训教材 [M]. 北京:机械工业出版社,2005.

[12] 机械工业部统编. 焊工工艺学 [M]. 北京:机械工业出版社,1998.

[13] 李凤银. 金属熔焊基础与材料焊接 [M]. 北京:机械工业出版社,2012.

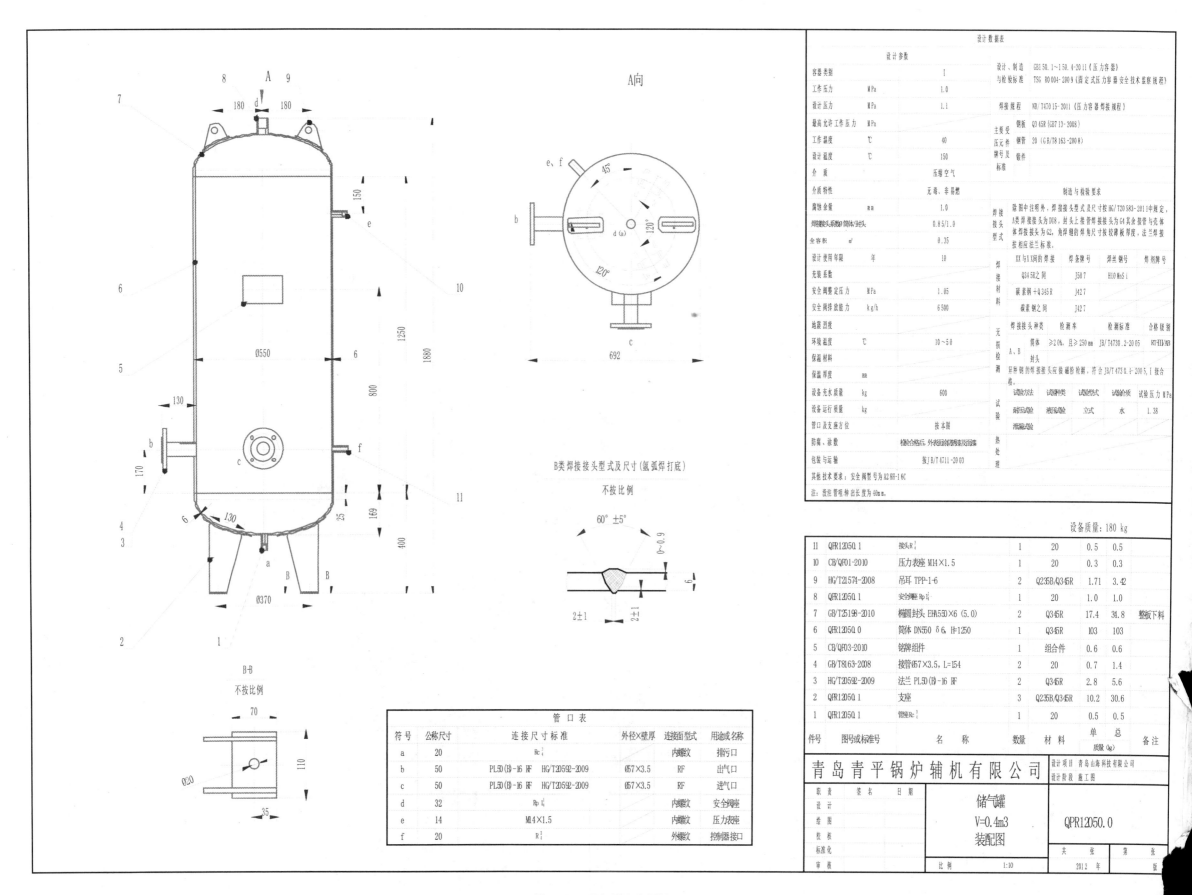

图 2-4-2　储气罐生产图纸

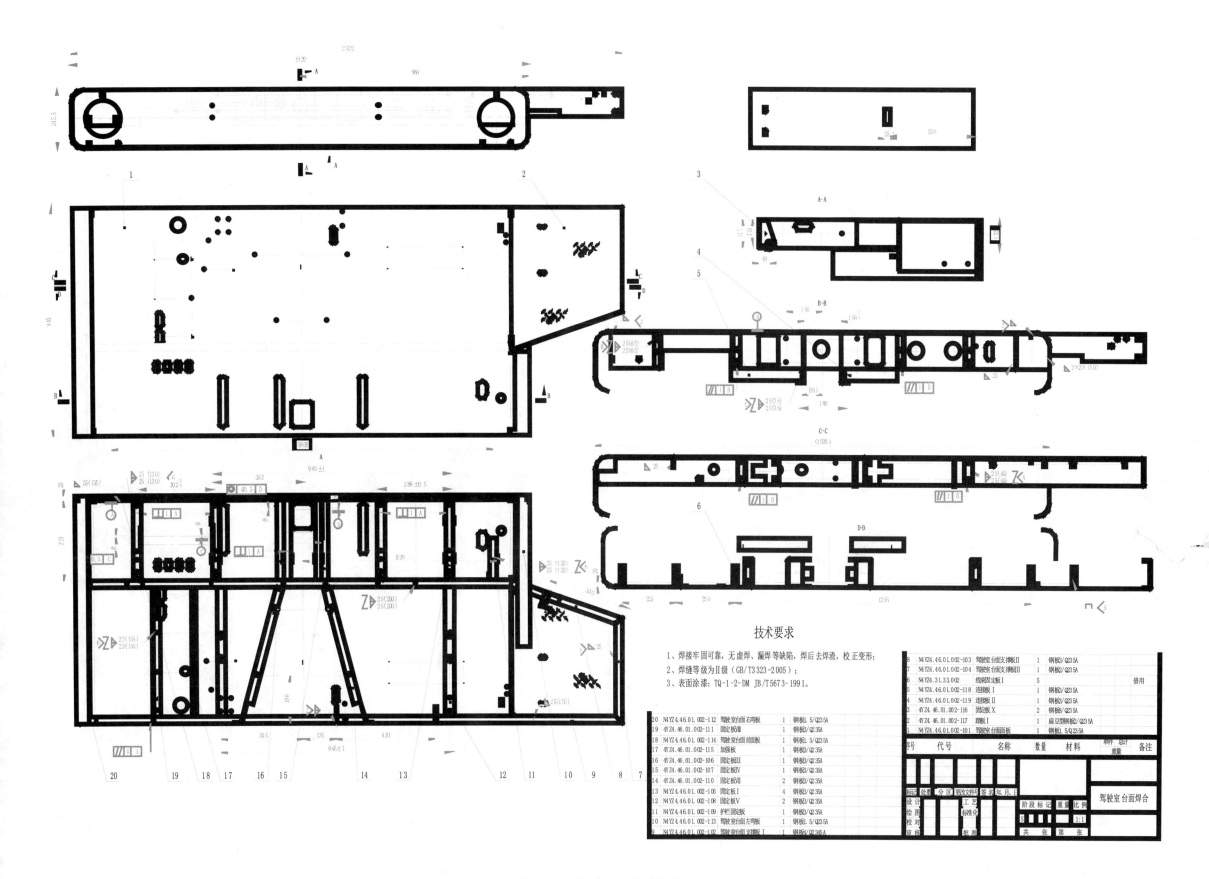

技术要求

1、焊接牢固可靠，无虚焊、漏焊等缺陷，焊后去焊渣，校正变形；

2、焊缝等级为Ⅱ级（GB/T3323-2005）；

3、表面涂漆：TQ-1-2-DM JB/T5673-1991。

序号	代号	名称	数量	材料	单件 总计 重量	备注
8	N4YZ4.46.01.002-103	驾驶室台面支撑板Ⅱ	1	钢板2/Q235A		
7	N4YZ4.46.01.002-104	驾驶室台面支撑板Ⅲ	1	钢板2/Q235A		
6	N4YZ4.31.33.002	线槽固定板	5			借用
5	N4YZ4.46.01.002-118	连接板Ⅰ	1	钢板2/Q235A		
4	N4YZ4.46.01.002-119	连接板Ⅱ	1	钢板2/Q235A		
3	4YZ4.46.01.002-116	固定板X	2	钢板/Q235A		
2	4YZ4.46.01.002-117	踏板Ⅰ	1	扁豆钢板2/Q235A		
1	N4YZ4.46.01.002-101	驾驶室台面板	1	钢板1.5/Q235A		
20	N4YZ4.46.01.002-112	驾驶室台面右弯板	1	钢板1.5/Q235A		
19	4YZ4.46.01.002-111	固定板Ⅷ	1	钢板/Q235A		
18	N4YZ4.46.01.002-114	驾驶室台面侧围板	1	钢板1.5/Q235A		
17	N4YZ4.46.01.002-115	加强板	1	钢板/Q235A		
16	4YZ4.46.01.002-106	固定板Ⅱ	1	钢板/Q235A		
15	4YZ4.46.01.002-107	固定板Ⅳ	1	钢板/Q235A		
14	N4YZ4.46.01.002-110	固定板Ⅶ	2	钢板/Q235A		
13	N4YZ4.46.01.002-105	固定板Ⅰ	4	钢板/Q235A		
12	N4YZ4.46.01.002-108	固定板V	2	钢板/Q235A		
11	N4YZ4.46.01.002-109	护栏固定板	1	钢板/Q235A		
10	N4YZ4.46.01.002-113	驾驶室台面左弯板	1	钢板1.5/Q235A		
9	N4YZ4.46.01.002-102	驾驶室台面支撑板Ⅰ	1	钢板/Q235A		

图 2-1-14　驾驶室台面焊合图纸

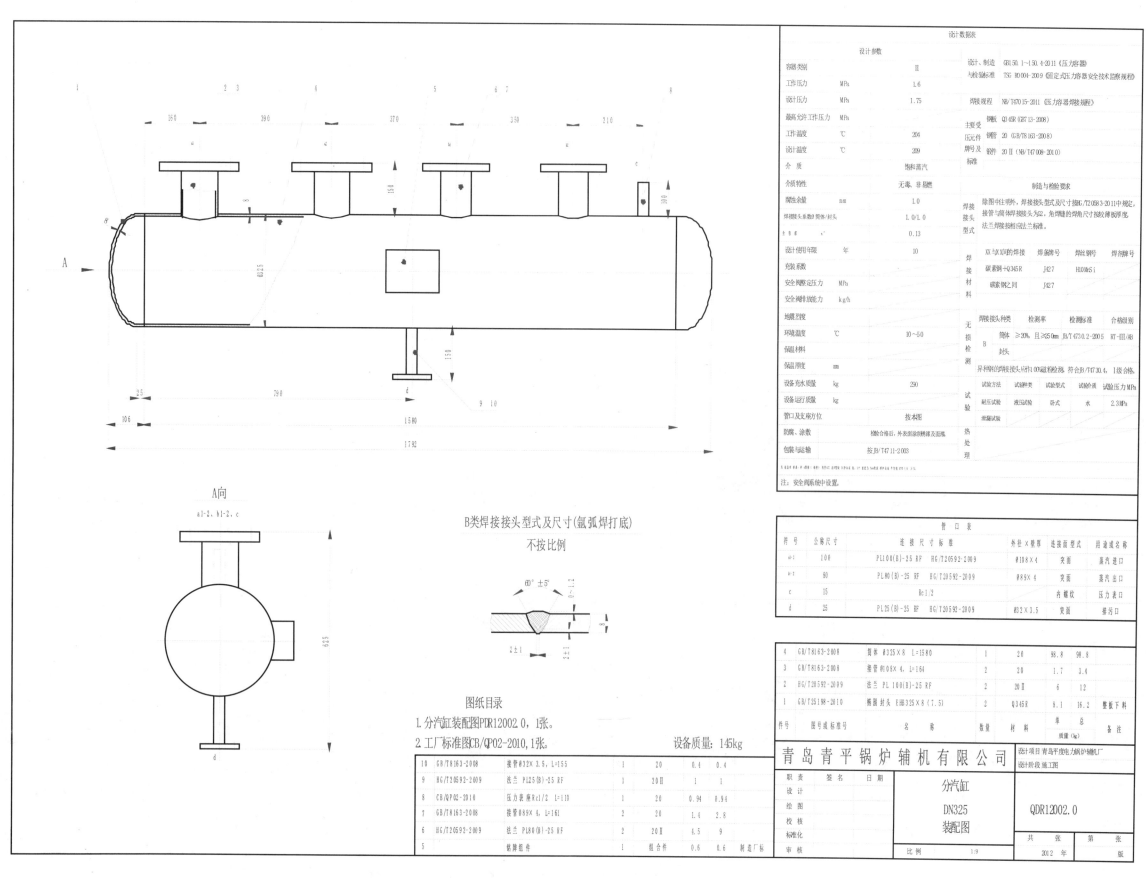

图 2-4-29　分汽缸焊接加工生产图纸